■ 日本農業の動き ■　No.207

種は守れるか

農政ジャーナリストの会

目次

農業気象台

○…まるでデジャブの様だった。安倍首相が八月末、突然辞任した。二〇〇六年の第一次内閣と同じように持病である「潰瘍性大腸炎」が悪化、コロナ禍の中、国政に支障が出る事態は避けたいとした突然の退陣だった。直前には首相としての連続在職日数が二七九九日と歴代最長を記録したばかりだっただけに、突然の速報にテレビ、新聞とともに大騒ぎとなった。

ただ、その予兆はあった。首相が強さの基盤としてきた経済では、今年四～六月のＧＤＰが、リーマンショックを超える最大の落ち込みとなり、得意とした外交も日ロ、日韓、日中と行き詰まっていた。

また、高いレベルを誇ってきた支持率も不支持が支持を上回る状況が続いており、八月には第二次安倍内閣が発足して以来、最低水準に落ち込んだ。弱い野党に助けられ、加計学園や森友問題でも強気の姿勢をとってきた安倍首相だったが、さすがにここにきて疲れたか、新型コロナでは、ちぐはぐな対応が続き、それがストレスとなってさらに病状を悪化させたということだろう。退任会見は疲労の陰が重く見て取れた。

新型コロナによる感染対策と経済の回復、オリンピックへの対応と、首相の仕事は生半可な神経や体調では務まらない。健康状態が勝れないなら、我慢して続けるより、退陣することがよほど賢明な判断だろう。

○…問題は次の首相が安倍路線を引き継ぐのか、である。それは農政にも大きな影響を与える。安倍政権は、強い政権の姿を内外に見せつけることで、その権力を保ってきた。第二次安倍政権が発足して、首相がまず取り組んだのが、官邸に権力を集中したことである。

農政では官邸に農林水産業・地域の活力創造本部を作り、以後の農政は規制改革会議や産業競争力会議での議論をもとに推進。自民党農林部会や農水省の審議会は、創造プランをなぞるだけに格下げされた。

そして打ち出されたのが、輸出目標一兆円であり、六次産業化、農協改革である。農協や族議員、農水省と、それまで農政を牛耳ってきた強固な岩

農業気象台

盤に穴を開け、首相自らが戦う姿を見せつけることで世論を味方に付けようとする戦略で、反対する者は守旧派と決めつけ徹底的に叩く。一方で農家には所得倍増というアメで支持を集め、ＴＰＰ反対という声を完全に封じ込めた。

○…この戦略、政権としては一定の成果を上げたと言って良い。例えば農産物輸出。目標に到達しなかったとは言え、その額は政権発足時の二倍近くになったし、所得「倍増」とは行かないまでも、農業を目指す若者も少しずつ増えてきた。何より農協が自己改革に取り組んで、風通しはずっと良くなった。しかし、輸出が農家所得にどう結びついたか、その因果はよくわからないし、所得が増えたとは言っても、生産基盤が弱体化して生産量が減少した結果であれば、国全体としては決して喜ぶべき事態ではない。

○…さらに言えば、権限を官邸に集中したために、農政議論が極めて低調になったことだ。ＴＰＰ11を巡る自民党内での議論では、政府から始めて協定文の詳細が示されたものの、質問はゼロ。二〇一九年の日米貿易協定交渉が山場の中での会合でも、平場からの質問はただ一人だった。あまりの低調さに、進行役の斉藤健元農相が、「本当にもういいですか？」と促すほどだった。審議会も同じだ。審議会が議論するのは、すでに官邸で決まったことをなぞるだけ。委員の中からは、不満の声も出ていたが、会議ではそれぞれの委員が意見を述べるにとどまり、深い議論が出来たとはとても言えない運営だった。何のための審議会、何のための自民党での議論か、と外野からいうのは簡単だが、官邸で全てが決まるのであれば議論が低調となるのは当たり前だろう。

○…こうした官邸主導の農政を、次の首相も続けるのかである。三月に閣議決定された新基本計画では、我が国の農業や農村を守るために、新たな国民運動を展開するとしている。そこであれば、広く国民の声を聞き、農業の未来に対する議論を盛り上げることは欠かせない。一部の関係者が密室で政策を決めるのではなく、国民の間での活発な農政議論を実現するためにも、新たな仕組みを期待したい。（お）

特集：種は守れるか

種の多様性こそが、食と農の根源

会員　竹村　晃

農政ジャーナリストの会が、「種は守れるか」をテーマに四回の研究会を開催したのは、ちょうど二年前。きっかけになったのは、一回目の研究会講演の四か月前（二〇一八年四月一日）に、前年（二〇一七年四月）の国会で可決、成立した主要農作物種子法（以下「種子法」）の廃止法案が施行されたことだった。

今でも拙速で唐突感がぬぐえない種子法の廃止だが、これに至るまでには伏線があった。二〇一六年一一月に政府が策定した「農業競争力強化プログラム」に基づく農業改革関連法案（八本）の中に種子法の廃止が盛り込まれた。種子法は戦後の食糧難を経てまだ日が浅い一九五二年（昭和二七年）の五月に制定された。稲、麦、大豆の優良な種子を生産し、安定的に供給することを国が管理して都道府県に義務付けるものだ。それが、政府の規制改革推進会議などで「戦略物資である種子・種苗については、民間活力を最大限に活用した体制を構築する」「民間の品種開発意欲を阻害している」として廃止が求められた。さらに、種子法廃止法案が成立した翌五月に制定された農業競争力強化支援法では、新たに「都道府県が有する種子生産に関する知見の民間事業者への提供を促進する」ことも定められた。

これに対して、農業・生協関係者、識者、市民団体などから「種子が危ない」「日本のお米が消える」「種子法廃止でどうなる？」などの批判や不安、危機感が一挙に高まり、関連書籍の緊急出版も相次ぎ、ＪＡと生協が連帯した「日本の種子（たね）を守る会」が立ち上がるなど、種子の生産・供給、品種開発、食料主権への影響を懸念した動きが表面化。討論会や学習会も相次いで開かれるなど、種をめぐる論議が各方面で活発化した。

一方で、種子法の廃止を受け、国の法的後ろ楯がなくなった地方自治体が、同法に代わる独自の「種子条例」等を制定する動きが全国で進んでいる（二一道県）。これは、地域の種子を地域で守るため、いかにして県レベルで種子供給の公的関与を維持していくかの現れとみるべきだろう。

こうした経過を踏まえ、農政ジャーナリストの会の幹事会でも論議を重ねた結果、「種」をめぐる問題を研究会のテーマに取り上げることにした。「種（タネ）の問題」に真っ正面から向き合うのは、研究会テーマとしては初めてだった。ただ、ここでは敢えて「種子法廃止」の是非・賛否だけを問うのではなく、あくまでもジャーナリストの目線でもっと広い視野から「種（タネ）の問題」を冷静に追究、検証して議論を深めようとした。これに基づき、本特集号に収載の通り、専門家、研究者、種苗会社、行政担当者の四氏に登場願い、それぞれの立場から講演（種と人間、ゲノム編集、在来種の保存、種苗政策を頂いた。その後、「種苗法の改正」が具体化するなど、結果的には「種子法廃止」が播いたタネが大きく波紋を広げる形になり、「種」に対する世論の関心がネットも含め高まり、広く論議を呼び、今日に至っているのが実情と言えよう。

特集タイトル「種は守れるか」――とあるが、それでは何から種を守るのか。グローバル巨大企業（外資）の独占支配からか、環境・生物多様性の破壊からか、国内大手民間企業の参入からか、遺伝子を操作する先端技術からか、国産優良品種の海外流出からなのか。研究会シリーズの狙いは、ただ単にこれら「犯人」探しを追い求め、不安を煽るものではない。本稿では、農業者にとって最も身近な基礎的生産資材の一つであり、消費者にとっては「食料・命の源」ながら、本来地味な存在の「種」がなぜ注目を浴びるのか、その背景と種を守るとは一体どういうことなのかを考えたい。

■農業の近代化は「種子交換」から

「秋田県種苗交換会」。私事で申し訳ないが、我が郷土で一四〇年余にわたり連綿と続く農民が主役の収穫祭だ。西南戦争の翌年、一八七八年（明治一一年）に第一回種子交換会として秋田市で始まって以来、明治、大正、昭和の凶作、戦時下にあっても絶えることなく、一年も休まずに毎年県内各地を持ち回りで開いてきた。一九五四年（昭和二九年）からはＪＡ秋田中央会が主催し、今年で一四三回目を迎える。ちなみに、第一回種子交換会の出品数は、稲六五点、大豆一九点、小豆六点、アワ一四点、その他の合計一三二点だったという。

「農業振興のため収穫の秋に優れた農産物を一堂に展示し、その種子を交換する」——開催に尽力した先覚者の一人が、秋田の二宮尊徳翁と称され、農村の更生、農家の救済に生涯を捧げた農業指導者、石川理紀之助翁（一八四五年〜一九一五年）だった。当時、理紀之助翁は秋田県庁の役人だった。地元では今でも「農聖」と尊敬される。

思えば、三〇年前の一九九〇年代初頭、平成初期の地方勤務時代、四年連続で種苗交換会を取材する機会を得たが、明治以降の農業の近代化は、種子・種苗の交換、自家採種、優良品種の選抜が原点だったのでは、という意を改めて強くした。今では農産物の品評会、農業機械の展示、関連する談話会の開催、功労者の表彰など多彩なイベントがおこなわれ、当時も、隣接する各県から熱心な農家が会場を訪れ、技術の習得、最新情報の収集に余念がなかった。二十一世紀、令和の時代に入った今日も、種が生み出す成果の場として、その開催意義は何ら失われていない。

それでは農業者にとって、昔から最も身近な基礎的生産資材の一つである「種子代」の農業経営に占めるコストはどれくらいか。農水省の米の生産費調査によると、一〇アール当たりの全国平均で二〇〇〇円前後。物財費の中でもわずか三％前後を占めるに過ぎない。ちなみに、最も多い農機具費は約三割に達する。事実、これまでの、政府の規制改革推進政策の延長線上にある農政改革の中で生産資材コストのあり方が問われても、「タネ代、苗木代」自体が遡上に上がることはなかった。

それがなぜ、今日のようにネットも巻き込むような論議を呼ぶような気になる「存在」なのか。ここではいったん、僭越ながら筆者が「過去」の取材で体験したことを振り返ってみたい。そこには「一粒の種」をめぐる「ドラマ」がよみがえり、種の持つ影響力が見えてくる。

■種苗法が誕生した

農林省が農林水産省に名称が変わった一九七八年（昭和五三年）の一二月。旧農産種苗法（一九四七年制定）に替わる新法として種苗法が施行された。現行種苗法の前身である。品種名称の使用を独占的に認めた（名称登録制度）旧農産種苗法で種苗の適正な流通がはかられてきた。それを、新品種を法的に保護する新法に衣替えしたものだ。品種登録制度の創設である。

これに伴い、翌一九七九年（昭和五四年）四月に新しく設置された種苗課（農蚕園芸局）の事務室も当時はまだ本省内には入れず、しばらくは急造の建物外のプレハブ住まいを余儀なくされた。しかし、新しい業務に職員は意気軒高で、それはこの新法を定着、浸透させようとする熱意の現れと受け止めた。その具体的な事象が「新品種出願」をめぐる特許法との攻めぎ合いだった。新法はできたものの当時はまだ品種保護制度の一元化はあいまいのままで、種苗法でいくのか、それとも旧通産省特許庁所管の特許法なのか、両省間で「縄張り争い」の様相が見られた。霞が関の役所間の「抗争」を取材を通して肌で感じたのはこれが初めてだった。事実、個人で開発した新品種を種苗法ではなく、発明に対し独占排他権を付与する特許法に出願した農業者がいたことが尾を引いた。農水省は、品種開発・品種登録は特許の世界になじまない、との一貫した姿勢だった。この「植物特許」事件は、今日でいう新品種の育成者権をどこまで保護するか、知的財産としての種子・種苗をどう位置付けるのかを考える端緒となった。しかもこの問題は、後述するように海外の多国籍メジャー（化学・医薬・穀物）が新たなアグリビジネスとして種子事業に参入するようになってからは、特に目が離せなくなった。その裏には、一九九〇年代に本格化したバイオテクノロジーの最先端、種の壁を飛び越えて遺伝子を外部から組み込む「遺伝子組み換え技術」の進展に伴う特許権の取得争奪戦の激化があった。特許の取得が商品化（ビジネス）に直結すると判断したからにほかならない。

■種子を制するものは世界を制するのか

それからほどなくして到来した一九八〇年代。「種子を制するものは世界を制する」というセンセーショナルなフレーズが突如、国内を席捲した。「種子戦争」という刺激的な言葉もメディアに登場した。きっかけは、バイオテクノロジー（生物工学）技術の急速な進展で、画期的な新品種開発への期待が飛躍的に高まり、アグリビジネスの成長分野として大手民間企業中心に種子の開発に新規参入する動きが活発になったことだった。いわゆるバイテクブームである。地味な国内種苗業界も戸惑うほどだった。農水省の予算も関連研究開発費などが急増した。

一方、これと軌を同じくして、バイオ先進国・米国では多国籍企業による中小種子会社の買収が加速していた。その実態はどうなっているのか、日本への影響はどうなのか。一九八五年三月、筆者は三週間にわたる米国現地取材を試みた。そこで垣間見たものは、農業大国・米国の先端技術を駆使した品種開発にかける官民挙げたエネルギーだった。そして、その基になっているのは国家ぐるみの豊富な「種」（遺伝資源）の収集、保存にあり、そこでは、新大陸に建国した米国のルーツの一端を見る思いを抱いた。

幕末、ペリー艦隊が日本から持ち帰った植物の標本などを保管するニューヨーク植物園、コロラド州内の種子貯蔵庫（国立遺伝資源保存センター）、ワシントン郊外にある農務省農業研究センター（日本でいえば筑波の農林研究団地にあたる）、そして当時はハイブリッド（一代雑種）コーンの種子販売で圧倒的なシェアを誇っていた独立系種苗会社のパイオニア・ハイ・ブレッド社（アイオワ州）、穀物メジャーの研究所、新規参入する全米各地の植物バイオベンチャー企業などで取材を重ねるごとに、「種子」が食料戦略の有力な「新兵器」として表舞台に躍り出てきたことを、その先頭を走る米国で実感した。こうした蓄積が、やがて世界に先駆けて遺伝子組み換え品種の実用化第1号（日持ちのよいトマト「フレーバー・セーバー」）を市場に送り出すことにつながったのではないかと思う。一九九四年五月のことだ。ところがその一年後には、「フレーバー・セーバー」トマトを開発した植物バイオベンチャー企業が、大手化学企業のモンサント社に買収された。

その後、遺伝子組み換え技術は急速に進展し、結局、この遺伝子組み変え食品の商品化が大きな引き金にもなり、世界の「種子市場」は巨大な多国籍企業による買収・合併が激しく繰り返され、国境を越えてさらに寡占化が一段と進むことになった。その結果、最近ではドイツのバイエル社（米モンサント社買収）、米国のコルテバ・アグリサイエンス社（ダウ・ケミカルとデュポン社が合併）、中国化工集団公司（スイスのシンジェンダ社買収）、ドイツのＢＡＳＦ社の四大メーカーにほぼ集約・再編される格好になり、この主要メーカーで世界の「種子市場」の七割～八割のシェアを占めるという。

果たして「種子を制するものは世界を制する」は、四〇年の歳月を経て現実のものになったのか。こうした国際的な動向の中での「種子法の廃止」と「種苗法の改正」は、国内の種苗業界はもとより、国内農業にどんな影響をもたらすのか。またどのような対応策があるのか。それらを探る前に、種をめぐる周辺を今一度遡ってみたい。

■国境を越える種

一九八二年三月に突如噴出した米国の種子企業による超多収水稲・ハイブリッド（一代雑種）米

種子の日本への売り込み「事件」は、個人的には今でもまだ記憶に生々しい。ハイブリッド米はその両親品種（系統）を門外不出にする限り、毎年独占的に種子を販売できるだけに、当時は種子ビジネスの新しいターゲットとして注目を集めていた。しかも、これが衝撃的だったのは、複雑なハイブリッド米種子作出技術の基礎的理論はもともと日本が最初に開発し、それが中国で実用化されて広く普及した後、そのノウハウが米国に渡り、石油・穀物メジャー系列の種子企業が本家本元の日本へ売り込みにきたことだった。一九七〇年代当時は「減反時代」で、表立った多収品種の開発は停滞気味だった。一九八三年夏、ＮＨＫが特集番組「謎のコメが日本を狙う」を放映したことも大きな反響を呼んだ。

　それから一八年後の二〇〇一年八月。中国農業視察団に同行取材した際、江南地方で栽培実証試験中のハイブリッド米（ジャポニカ種）を目にした。訪中最後の日、湖南省長沙市にある湖南省農業科学院の国家雑交水稲工程技術研究センターで、「中国ハイブリッド米の父」といわれ、中国の食糧問題解決に貢献したとして尊敬される袁隆平所長と会見した。研究センター内の実験圃場を案内してもらった後、視察団のインタビューに応じた袁氏は「日本の米の研究は世界でも先進で、特に遺伝子や生理学などの基礎研究分野は進んでいる。一九七〇年代のハイブリッド米の研究開発では、日本の研究論文が大変参考になった。七〇％は日本の文献だった」とハイブリッド米と日本との関わりについても語り、多くの日本の研究者にお世話になったことを感謝していた。一九三〇年生まれの袁氏は今年九〇歳を迎える。

いずれにせよ、ハイブリッド米種子の作出という複雑な基礎研究の成果が中国のみならず、アジアの米生産国の食糧増産に日本が国際貢献したことは誇ってもいい。それともう一つ、一世紀以上にわたる日本の品種改良（交配育種）の歴史で金字塔ともいうべき成果が、戦前に育成された小麦の「農林一〇号」だ。国際的には「Norin Ten（ノーリン・テン）」の名前で知られ、これもドラマティックな運命を辿ったことは多くの識者が明らかにしている。本特集号でも、家業が種苗業だった龍谷大学の西川芳昭教授が「作物の種は国際的に相互依存している」との見地から、「農林一〇号」の来歴を詳しく語っている。

世界の食料危機を救う「奇跡の麦」の親（原種）になった「農林一〇号」を育成したのは旧農商務省農事試験場の育種研究者・稲塚権次郎氏で、一九三五年（昭和一〇年）だった。その功績は誕生から八五年経った今日でも色あせない。半矮（わい）性という草丈が低いのが特徴の「農林一〇号」は、戦後間もなく、育種素材となる遺伝資源の収集に熱心だった米国に渡り、海外の品種と交配を重ねた後、メキシコにある国際農業研究機関の国際トウモロコシ・コムギ改良センター（ＣＩＭＭＹＴ）で改良が続けられた。この間、米国の農学者、ノーマン・ボーローグ博士の研究グループによって優良な短稈（かん）多収品種が育成された。

同品種はその後、一九六〇年代に主に南アジアの途上国に提供されて広く普及し、その功績でボーローグ博士は一九七〇年にノーベル平和賞を受賞したことはよく知られているところだ。この〝奇跡の麦〟は映画にもなり、「農林一〇号」が誕生して八〇年経った二〇一五年、「NORIN TEN（農林10）〜稲塚権次郎物語〜」が一般公開された。筆者も当時この映画を観て、戦時下で品種改良にかける農学者の熱意に感動したことを、今でも鮮明に覚えている。

ハイブリッド米と「ノーリン・テン」の足跡を振り返るにつけ、育種の研究分野でも基礎研究の重要性と同時に優れた新品種も食料戦略の有力な武器となることを、改めて思い知らされた。この現実は常に教訓としたい。同時にこれはまた、〝一粒の種〟が国境を越えて食料増産に寄与し、国際貢献を果たす側面がある一方で、逆にその基になる種を特定のビジネス企業が特許権を付与して販売を独占すれば、莫大な利益を生むことにつながりかねないことを意味する。

その象徴が急速な遺伝子組み換え作物（ＧＭＯ）の開発と商品化（除草剤耐性、害虫抵抗性等）であり、「種子を制するものは世界を制する」からさらに飛躍して、今日では「遺伝子を制するものは食料を制する」へ変質したといえなくもない。画期的な品種改良のターゲットは、もはや種の内部の細胞レベルの変異の拡大から、遺伝子の操作そのものになったと言えよう。

■遺伝子組み換えからゲノム編集へ

こうした中で、新しい品種改良技術として近年注目を集めているのが、二〇一〇年代から本格的に登場した〝夢のバイオテクノロジー〟といわれる「ゲノム編集技術」だ。従来の品種改良に要する期間を大幅に短縮でき、労力的にもより効率的な手法だ。本特集号でも、筑波大学の江面浩教授が植物分野のゲノム編集をめぐる状況を分かりやすく語っている。

ゲノムとは細胞の核の中に「対」になって存在する染色体の一組で、遺伝子（ＤＮＡ）の配列の集団を指す。ＤＮＡはいわば生命の設計図（遺伝情報）のようなものだ。生物の種の遺伝的特徴や個体の生長は「染色体上に一定の順序で配列している多数の遺伝子が、相互に働き合って形質を発現する」ことによる。それは収量であったり、耐病性や耐冷性、栄養機能性の向上等の品種の特性に結びつく。

ゲノム編集技術を使えば狙った遺伝子をピンポイントで、しかも高速で改変することが可能だ。実際には、鋏（はさみ）の役割を持つ人工制限酵素遺伝子（クリスパー・キャス９）を導入して、農作物が元から持つ遺伝子の一部を切り取り、機能を変えるものだ。例えば、収量を制限する遺伝子など生産上、不利になる遺伝子の一部を切り取ってその機能を消せば、高収量作物の育成に道を拓く。こうした遺伝子機能の喪失自体は、従来から自然界でも突然変異のかたちで起きている。

ゲノム編集技術が急速に進展したのは、様々な生物のゲノム情報の解読が進んだことが大きい。特にイネゲノムについては二〇〇四年、日本が主導して完全解読を宣言した実績がある。これによって、どの遺伝子がどんな役割を担っているのかの解明が可能になり、ゲノム編集技術の効果が表われやすくなったといえよう。ちなみに、この年は国連が定めた「国際コメ年」だった。

筑波大学の江面教授は、研究会講演の中で血圧の上昇を抑える健康機能性成分の多いトマトを短期間で育成したことを明らかにした。国は「ゲノム編集食品」の安全性審査と流通・販売のルール（表示・届け出等）を示しているが、主に消費者からは、安全性の観点から問題視する声が上がっている。また海外では、遺伝子組み換えと同様に米国と欧州で〝規制〟をめぐって判断が分かれている。せっかくの先端技術の成果でも、その実用化に際しては農業者が安心して栽培でき、消費者が受け入れるようになるのか、引き続き論議を深めていく必要があるのではないだろうか。

ちなみに、農水省は今年1月末、有機ＪＡＳ（日本農林規格）を改定し、遺伝子組み換え技術と同様にゲノム編集技術を用いて生産されたものについても原材料等に使用できないことを明らかにした。ゲノム編集食品を有機ＪＡＳの対象から正式に除外するものだ。

■遺伝資源の確保は在来種・固定種の保存から

遺伝子組み換え、ゲノム編集に象徴される先端的なバイオテクノロジー品種改良技術がいかに飛躍的に進展しても、それに欠かせないのが交配材料（育種素材）となる多彩な植物遺伝資源（遺伝子）だ。これを国内でいかに多く確保し、〝自給〟しているか。その重要なことは、ここで改めて強調するまでもない。それはまた「種子開発の国際競争」に直結する鍵でもあるからだ。バイオテクノロジーと遺伝資源は常に〝車の両輪〟の関係にあり、どんなに技術が進歩しても、その材料がなければなんの役にも立たない。

農業大国・米国が、ハイブリッド（一代雑種）コーンの開発から遺伝子組み換え技術に至るまで常に先頭を走っている現実を見ても、それを証明している。筆者も三五年前の米国取材で目の当たりにした。建国以来の国是として世界各地から遺伝資源を探索、導入して新品種開発に貪欲に役立てる。ペリーの黒船には植物学者も乗船していたことは有名だ。身近な例として触れたハイブリッド米と「ノーリン・テン」を巡る〝物語〟を見るにつけ、納得する。以前、種の周辺を取材した経験から、結局は「遺伝資源の自給」こそが品種改良のベースなのだ、という思いを今日さらに強くする。

もう三三年前になる。茨城県つくば市の農林研究団地の一角にある農水省農業生物資源研究所（当時）のジーンバンク（種子銀行）＝現農研機構の遺伝資源センター＝を取材した。最先端設備を誇る施設内で保管してある国内外から収集した植物種子（遺伝資源）の入出庫管理を全てコンピューターで制御できる機能に驚いたものだ。今では主要道県にも「遺伝資源センター」「農業ジーンバンク」（種子貯蔵管理施設）が整備され、消滅しつつある貴重な地方の在来品種などを独自に収集、保存等に力を入れている。このような取り組みは品種改良のすそ野を広げる意味からも期待される。以前、それらの一部を取材したことがあるが、その地味な仕事ぶりに感心したものだ。

国内の在来種は元より、龍谷大学の西川教授が「作物の種は国際的に相互依存している」と強調しているように、今日のブランド米や小麦、大豆の栽培品種は、ルーツを辿ればその多くの〝親〟（先祖）は、明治時代以降に農家が育てた日本各地の在来種であり、海外から導入した品種の系統であることに気づく。さらに現在、主に飼料用米に栽培される多収米品種の大半が日印交雑種（ジャポニカ米とインディカ米の交配育種）だ。

一方、米麦大豆等の主要穀物ではなく、種子法の対象ではなかった野菜品種の開発は民間が主役だ。国内の種苗会社から販売される野菜の種は大半がF_1（一代雑種）の品種で、農業者は毎作、購入する。ただその野菜種子も、気象などの立地条件などから、現在は九割が海外で採種生産されているのが実情だ。

それでもその多くは、元はといえば昔からの在来種が支えてきたといってよい。

「種研究会」の三人目講師で登場願った野口種苗研究所（埼玉県飯能市）の野口勲代表の講演内容は実に興味深かった。三代続く種苗業を営む野口さん。野菜の在来種・固定種の保存にかける熱意が伝わるとともに、特にF_1（一代雑種）品種誕生をめぐる歴史、育成の〝舞台裏〟の語りは出色だった。

また、全国各地には「在来種保存会」等を拠点に、その土地の気候・風土に根ざした在来種や地域の食文化を守る活動も活発だ。これらに携わる熱心な人たちも少なくない。三〇年にわたり東京の伝統野菜の復活に心血を注ぐ大竹道茂さん（現ＮＰＯ法人江戸東京野菜コンシェルジュ協会会長）もその一人だ。五〇品目（認定）にも及ぶ「江戸東京野菜」は、料理人、市場流通の関係者との連携、地域のイベント、学校での食育活動等を通じて、今では地域の食材としてしっかり根付いている。これらの地道な取り組みは、多様な種（遺伝資源）を次世代から、さらに未来に引き継ぐ重要な役割を果たしているといえよう。

このような事象を見るにつけ、品種改良の素になる多彩な種・遺伝資源を多く確保することが、いかに重要なことなのか改めて強く認識させられる。これまで食料自給率の問題を考える場合、〝食料資源〟たる種にどれだけ関心を払ってきただろうか。「遺伝資源の自給」も視野に入れたい。

■主食には国の関与を

猛暑が続く八月二一日、東京地裁で開かれた「種子法廃止等に関する違憲確認訴訟」の第一回口頭弁論を傍聴した。この裁判は、種子法廃止の違憲性を問い、食の安全、持続可能な農業を取り戻し、食料主権を守る目的で二〇一九年五月に提訴したものだ。原告団は採種農家、消費者の代表ら約一三〇〇人で構成。違憲訴訟では、憲法25条の生存権（健康で文化的な最低限度の生活を営む権利）まで踏み込んで主張している。これは、種子と安全な食料が多国籍企業にコントロールされてしまわないよう、食料の権利や衣食住を守っていくことは人権を守ること、という「権利侵害」への危機意識の現れといえる。

種子法の廃止、種苗法の改正をめぐり賛否両論があることは確かだが、どんな品種を選択し、栽培するかの〝生殺与奪〟の権利を握っている真の主人公はあくまでも農業者自身であり、さらにそれを最終的に享受するのは消費者である、ということを忘れたくない。特に外資による種子販売の独占危惧についても、農業者にとってそれが経営上、プラスになり、消費者等にも歓迎されると判断すれば受け入れるかも知れないが、例えば遺伝子組み換え作物（ＧＭＯ）が今後日本国内で広く栽培されるとはとても思えない。種の問題に限らず、革新技術の主たる受益者（最終ユーザー）は農業者であり、周囲も政治的思惑を前面に出すのは極力避け、農業者ともっと向き合うことを望みたい。

一般に世論は、情報が不足すると漠然とした不安を持ちがちで、疑心暗鬼に陥りやすい。これを払拭するために、食料安全保障の観点からも、種子法の廃止、種苗法の改正については、農業者の負担が増すのか、そうならないのか、果たして外資に種子が支配されることになるのか……さらに徹底した論議を尽くす必要がある。

食料主権に直結する「主食」の種（日本人の場合は米）を「儲け（利潤）の対象」にさらしてビジネスの種（タネ）＝商業化＝にすることには、どうしても抵抗感がある。少なくとも米については、〝民活〟に安易に依拠するのではなく、民間と協力しつつも、ここはやはり国が責任を持って関与し、最終的に管理するのが筋というものではないか。よもや、規制緩和の名目で国が米の品種開発、優良種子の安定供給から撤退し、民間がその多くを自由に担うようなことなどあってはなるまい。国による収穫後の米の全量管理を基本とした旧食糧管理法の廃止（一九九五年）とは次元が違う。これは品種改良の素になる「遺伝資源の自給」にもつながる問題だ。

重ねて強調したいのは、食料自給率が低下する中、しかも世界的な温暖化の進行・気候変動が激しくなる中にあって、とりわけ米はじめ主要穀物の品種改良と在来種の保存、改良で、世界で遅れをとってはならないことだ。近年農水省はＩＣＴ、ＡＩ、スマート農業等の技術開発と普及に官民一体で力を入れているが、品種改良の研究開発面でも手を抜くことなく、もっと重視して取り組むことを望みたい。だいぶ以前になるが、農水省の技術開発・試験研究行政に携わる幹部が口をそろえて「農政改革を先導するのは技術開発だ」と強調していたことを思い出した。

■種は「社会的共通資本」である

ここで、世界的な経済学者の故宇沢弘文博士（一九二八年～二〇一四年）が提唱した「社会的共通資本」を思い起こさずにはいられない。すべての人びとが、ゆたかな経済生活を営み、すぐれた文化を展開し、人間的に魅力のある社会の安定的な維持を可能にする自然環境と社会的装置のことと定義し、これを社会共通の財産とする考え方だ。その構成要素として上げたのは、大気・水・河川・

森林・湖沼・海洋・土壌などの自然環境はじめ、道路・交通機関・上下水道・電力、教育・医療・警察・消防・金融・司法・行政・文化など多岐にわたり、これらは、社会的な基準に従って管理されなければならないと宇沢氏は説く。これらは本来、市場の基準によってビジネスの対象、利潤追求の対象にされるべきではない、というのが宇沢氏の考え方だ。

これには農業・農村が含まれることは明らかで、改めて「種」こそが「社会的共通資本」の最たるものではないかとの思いを強くする。研究会シリーズの講演で龍谷大学の西川教授も「種は土地、水と並んで農業・食料生産に欠かせない」と強調した。

こうした観点からも、食と農の礎として食と農を守る「種」は、新自由主義、市場原理主義、弱肉強食の世界とは最も対極を為すものではないだろうか。改めて公共性の強い「種」の果たす役割を見つめ直したい。

（たけむら　あきら　元・日本農業新聞）

改めて種《たね》と人間との関係を考える

龍谷大学経済学部 教授　西川　芳昭

今日は、「種と人との関係」について、お話しようと思います。昨年、種子法廃止に関して、参議院農林水産委員会の参考人として呼ばれました。私自身は二十年以上の間、社会科学の立場から種のことについていろいろな研究会や学会で発表してきましたが、社会の関心はあまり高くはありませんでした。むしろ、そもそも経済学で種が研究の対象になるのかという雰囲気でしたので、昨今、種のことが社会で話題になっていることに戸惑っています。

私は、タマネギの採種農家に生まれ、実家はイネの緑肥であるレンゲの種子の販売も行っていました。五歳頃には、発芽試験の真似事をしていましたし、一〇歳で岐阜県産の種子を奈良県産として出荷する産地偽装の方法を教えてもらいました（笑）。昭和四〇年代（一九六五）に種無しスイカがブームになったことがありましたが、中学生のとき、種無しスイカの種はどうやって採るのだろうかと疑問に思いました。その疑問そのものは、高校のときの生物の授業で解消したのですが、そうした興味が農学部に進むきっかけになりました。農学部では栽培植物の起源について研究していましたが、インターンでアメリカの農務省に行っていたとき、ジャガイモの研究を経験し、世界中から遺伝資源など育種の素材を集めて来ていたことを知りました。

イギリスでは、第二次世界大戦の真っ最中にもかかわらず、南米に調査隊を派遣していたほどです。戦争後の食料問題を見越していたわけです。私は、ジャガイモの種をどのように生かしておくかを研究していました。

ＦＡＯ（国連食糧農業機関）は遺伝資源としての種は相互依存していることから、皆で利用すべきだという基本的な考えを持っています。私自身も、ＦＡＯと国際植物遺伝資源委員会（ＩＰＢＧＲ）の開発したカリキュラムに基づいたイギリスのバーミンガム大学大学院で、遺伝資源の保全と利用に関する技術を学びました。その中で、技術だけでは食料問題は解決しないのではないかと漠然と考えるようになりました。

そこで、植物と人間の関係やそれらを取り巻く組織・制度を勉強したいと思って、それまでの生物学研究科から突然、公共政策研究科に移り、以後、ずっと社会科学として研究を続けています。もっとも私が研究しているのは、政府が関与しないインフォーマルな種子であり、フォーマルな種子に関しては専門ではありません。

種が消えれば食べ物も消える

　種について、印象的な言葉が二つあります。一つは、「種が消えれば食べ物も消える　そしてきみも」で、ある研究者が残した言葉です。メキシコにある国際小麦トウモロコシ改良センターのジーンバンクの責任者を長く務めてこられたベント・スコウマン氏の言葉です。食べ物は種からできているので、種がなくなれば食べ物はなくなる。食べ物がなくなれば、当然、私たちも消える、という意味です。二つ目はＦＡＯの報告書にある言葉です。ＦＡＯは一九六〇年代から種のことをずっと扱ってきていますが、世界中の状況を調べたところ、非常な危機状態になっているということを一九九六年に白書の形で発表しました。「土壌、水、そして遺伝資源は農業と世界の食料安全保障の基盤を構成している。これらのうち最も理解されず、かつ最も低く評価されているのが植物遺伝資源である。それはまた、われわれの配慮と保護に依存している資源でもある。そしておそらく、最も危機にさらされている」。

　ここで植物遺伝資源といわれているものが、ある意味では種子です。土壌や水の大切さというのは常に議論されていますが、種のことはあまり議論されてきませんでした。そういう意味では、この九六年の指摘は、非常に重要です。これら二つの言葉は、グローバルに見た、種の重要性を示した言葉です。

私が種子の研究に入ったきっかけは、実家が種屋であったことに加えて二冊の書籍との出会いがきっかけでした。ＮＨＫが一九八〇年初頭に、「日本の条件」というシリーズを放映し、それを書籍の形にしています。マネー、外交、貿易などのテーマとともに、「一粒の種子が世界を変える」として種をめぐる科学・技術の進歩や政治経済的動向を扱い、世界中の種の状況の取材がおこなわれていました。その中では、モンサントや欧米の遺伝子銀行など、現在でも重要なアクターをすべてを網羅しています。実は、現在日本で種や食料の問題を研究している、五〇歳代の研究者の多くが、この本に影響されています。その本を中心になってまとめられたのが、この農政ジャーナリストの会の会長をされていた中村靖彦さんでした。

もう一冊の本、『種はだれのもの―地球の遺伝資源を考える』は、Ｐ・Ｒ・ムーニーというカナダの市民運動家が記したものです。彼は、一九七〇年代から、多国籍企業による技術の占有などに対して警鐘を鳴らし続けてきた世界的な活動家です。昨年、アフリカでの国際会議でリタイアを宣言しましたが、その折には、議長提案により最終日に彼のスピーチがおこなわれ、政府代表者と市民社会代表者の双方から賛辞を贈られていました。その本の日本語訳は当時の農水省の種苗課の審査官たちが担当していました。

こう見ると、一九八〇年代、日本のジャーナリズムや官僚は、食料と種について真剣に議論していた時代だったと思います。しかしその後三〇年間、そうした議論はほとんど消えてしまっていました。

種を守るとは生物の多様性を守ること

種を守るというのは、どういうことでしょうか。それは相互補完的な現象で、三つの異なる面をもっています。一つは、生物多様性条約に示されるような多様性を守ることです。生物多様性条約では、三つの多様性を示しています。それは、生態系、種（しゅ）、そして種内の多様性で、それらの保全が生物多様性条約の目的の一つとなっています。その種内の多様性が、種を守ることにつながります。そこには野生生物も含まれますので、非常に広い概念です。

次が農業にとって、重要な育種素材としての資源を守ることです。今すぐに使えないかもしれないが、将来使えるかもしれないという意味での種を守ることです。これに関しては、植物遺伝資源国際条約があり、そこで議論されています。三つ目は、農業者が使用する良質な種を確保すること、つまり、畑に播く種が手に入るようにすることです。

日本では、これらが混乱して議論されることがよくあるようです。三つの側面はいずれも相互補完的なので、お互いに関わりますが、議論する場合には注意が必要でしょう。種子法は基本的に、三つ目の部分で関わってきます。たとえば種子法の議論に関して、在来種が失われてしまうことへの危惧を指摘しても、議論はかみ合いません。

私は、大事に取って置くことだけが種を守ることではなく、使うことも大事だと考えています。作物は人間にその生存を委ねています。野生の動植物は、人間が面倒をみなくても、自分で自分の面倒はみますが、作物は、人間が手をかけてやらないと、次の世代に生命をつないでいくことができません。例えば、東南アジアでよく見られる野生のイネは、稔って種が熟すと穂から勝手に落ちます。風や鳥によって種が落ち、土の中に種が落ちることによって、場合によっては、土の中で休眠して、次の世代に生命をつないでいくことができます。

そのような野生のイネは、私たちが作物としてイネを栽培する立場からみると、非常に効率が悪いということになります。私たちはイネの種を食べるわけですから、刈り取って家に持って帰るまでに、途中で落ちてしまっては困ります。何千年にもわたる作物と人間の営みの中で、人間は種が落ちにくいものを選んで栽培してきました。現在栽培されているイネの穂は非常に落ちにくいものです。言い換えると、作物になったイネは、人間が種を播いてくれない限り、自分の命は次の世代につなげません。これが、野生の作物と栽培作物との違いです。

昔、手で刈って脱穀機で脱穀していたときは、かなり強い力をかけて脱穀するので、種の落ちにくい品種を選んできましたが、昭和三〇年代（一九五五）から四〇年代にかけてコンバインが導入されるようになると、今度はあまり強い力をかけなくても落ちるような品種が選ばれるようになりました。このように、人間と作物の関係は、そのときの人間の欲求によって変わってきました。その意味で、作物遺伝資源と人間の関係は、お互いにその生存を委ねているということが言えます。

種は世界中の人が相互依存関係にある

　種を利用する人間については、作物の遺伝資源に関して世界中の人が相互依存関係にあると言えます。日本で今、私たちが食べている作物のほとんどは海外由来のものです。イネは東南アジア原産ですし、小麦は中近東、トウモロコシは中南米由来の作物で、数千年前から日本にあった作物というわけではありません。新潟のコシヒカリは作物として一つの品種ではなくて、いくつもの系統が組み合わされてつくられています。いもち病はコシヒカリの一番の弱点ですが、いもち病耐性の遺伝子は、アメリカ、中国、フィリピン、そしてインドのイネから来ていますので、仮にそれらの国がイネの種を使っては困ると言えば、新潟コシヒカリは生産できなくなります。

　その意味でも世界中の人が相互依存関係にあるわけです。育種の素材として種を扱ってきた人たちの中での共通理解は所有ではなくて、信託されて管理しているというふうに考えています。従って作物の遺伝資源所有に関する議論は、ごく一部の企業にあてはまることでしかありません。

　国民と食料の関係を表す言葉として、食料安全保障という言葉がよく使われます。これは、科学技術や食料の量的な確保を意識してよく使われる言葉です。一方、食料主権という言葉もあります。これは何を食べるか、何をつくるかということを決める自由と社会のそうした環境をもっているか、ということを意識している言葉です。日本では、今回の種子法の廃止に関連して、食料主権という言葉を使う人が増えてきましたが、ほとんどの政策の場で使われるのは食料安全保障です。従って、食料安全保障の議論をしている限りは何を食べるか、何をつくるか、どこで、だれがつくるかという議論には届かないのではないかと思います。食料主権には、国の主権と国民の主権という両方の議論があります。現代社会では、圧倒的多数の消費者に向けて、多くの生産者が食料を生産していますが、その間には、穀物商社などが介在していて、そこを通らなければ生産された物は一般の消費者までにはいきません。そうすると、何をつくるか・何を食べるかということを決めているのは、そこに介在するカーギルなどの穀物商社ということになります。こうした現状をおさえた上で議論をする必要があります。

種に関しては、国際的には寡占状態にあると言われますが、日本国内においても同じような状況です。わが国の種苗協会には、一九八〇年に二五〇〇社位あった会員が、右肩下がりに減少してきて、今年（二〇一八年）の三月末には一〇〇〇社を切る状況になっています。種を供給できる会社が減ってきているわけです。食料と同様に、種をつくる人とそれを使う人の間に介在する会社が減ってきていることであり、これは大きな問題です。とくに世界で見ると、種の会社の寡占化が大きく進んでいます。しかもシェア上位の会社のほとんどは化学工業の会社です。その中で頑張っているのが、わが国の種専門会社のサカタのタネであり、遺伝子組み換え種子を扱わないと明言している数少ない企業でもあります。今回の種子法改正の中で、ともすれば悪者扱いされる種苗会社ですが、日本の種苗会社への理解はもっとあっていいのではないかと思っています。

種子はもともとローカルな市場で循環

種子には、生産・保存・流通・認証・販売という流れがあります。こうした一連の活動とそれを支える組織・制度のことを種子システムと言っています。種子システム研究は世界的には非常に多くあり、アメリカのウィスコンシン大学やオランダのワーゲニンゲン大学など主要な大学では、学際的に種のシステムの研究を続けているグループがあります。残念ながら日本にはなく、京都大学の久野秀二先生と私が細々と続けているくらいではないでしょうか。

フォーマルな種子システムは、政府機関の管理の下で供給され、主として改良品種やハイブリッドなどを対象とした認証を伴う制度で、公的機関のほかに種苗会社や多国籍企業が利用することが多いものです。一方、インフォーマル種子システムとは、農家自身による採種や農家同士の交換により管理される認証されないもので、主に在来品種や固定種などの供給を担っています。先進国ではフォーマルの部分が圧倒的に多く、アフリカなど途上国ではインフォーマルの部分が八割以上を占めています。したがって世界的にシェアを持っている多国籍企業は、フォーマルな部分で圧倒的なシェアを持っているだけで、むしろ全世界の種子システムから見ると、それほどではありません。

農家が自分の畑に種を蒔いて収穫して、翌年度の種を採ることは普通におこなわれていたことです。そうした種子を他の農家と交換したり、ローカルな市場で交換することが伝統的な農業ではおこなわれてきました。メンデルの法則が再発見された一九〇〇年以降、種の特長を取り出して改良品種をつくるということが一般的になってきました。取り出して育種家に届け、そこで新しい品種をつくり、種を採って品質管理・認証をおこなって農業に持ち込むようになります。それまでのローカルな市場から地域の外に種子が持ち出されるようになり、そうしていったん外に持ち出されたものは、もうローカルな市場で循環することはなく、一方的に外から供給されるだけになります。そのようにローカルな市場で循環しないことが、問題だと思っています。

それまで地域の農業の中で循環していた種が、ジーンバンクに種が保存されるようになり、そこから育種家や種苗企業で材料を取り出して新しい品種をつくり出し、それを商業的に農業に供給していくのが、現在の種子の流れになっています。一方、今、フォーマルとインフォーマルなシステムを結合しようという試みがいろいろとおこなわれています。そうしたシステムのあり方を議論することは、日本において種子法廃止以降の種のあり方を考えるときには重要になると思っています。

作物における生物多様性には、さまざまなものが考えられます。例えば、アンデスの一つの村でつくられているジャガイモは三〇種類以上あります。高地という厳しい条件のなかでそれぞれ生き残れる環境が異なりますし、それぞれ栄養価や調理法によっても違いがあるようです。これこそが、作物の多様性を表していると言えるでしょう。それは品種の多様性とも言えます。

品種とは一定の遺伝子型、あるいはその組合せで発現する特性によって規定され、少なくとも一つの特性によって他と区別され、その繁殖様式によって特性が安定して保たれるものと定義されています。区別ができるということ、集団として統一されているということ、そして次世代に続くことで、英語のそれぞれの頭文字をとって、ＤＵＳ原則を満たすものが品種です。これはあくまでも生物学的、農学的なことで、とくに日本人の研究者は、少し違ったかたちで考えています。それは地域の狭い風土の気候・土壌条件の下で育まれ、そこに適地を見出した遺伝子型を持ち、適地が極めて限られたもの、かつ品種内に変異を持つこととしています。さらに、実際に栽培される地域・風土・生活・習慣と密接に結びついて、一つの地域文化を形成する大切な要素であり、同じ種の違った品種では代替できないということです。たとえば正月の雑煮に使われる葉物は、地域によってさまざまで、そうしたものも社会的には品種と言えるのです。

また、作物分類の研究者である中尾佐助は、作物の特性は人間の口に入るときまでを議論して初めて完結するとし、「seed to mouths」の議論の重要性を指摘しています。

なお、固定種と一代雑種（F_1）に関しては、混乱して理解されているように見受けられます。よくF_1は種が採れないと言われて、そう思われているようですが、それは生物学的には間違っています。種が採れないわけではなく、次の世代の種子を生産するということと、F_1

を生産する技術のなかに次の世代を採れないようにする技術もあるということです。

種とは、高等植物の生物学的なタイプのなかで、最も活性が低く、比較的小さいものを言います。呼吸をほとんどせず、水分もほとんど含まない、植物の一形態です。乾燥・低温状態などでうまく保存すると、理論的には三〇〇〇年は生かせておくことできます。イネの種は数十年問題なく保存することができます。そういう意味では、活性が低く、保存しやすいことが大きな特徴です。保存しやすいことから、人間は昔から種を保存して使ってきました。ただし、樹木の種を保存することは難しいようです。なお、種子という言葉は、自然科学分野や政策用語としては使われますが、農家は、「タネ」という言葉を使われます。どういう言葉を使っているかで、その人が種についてどう考えているかがわかると思います。

農業振興のために必要なF_1品種

遺伝資源の保全と利用について日本の例を紹介しましょう。広島県では、県の特産品をつくるのに自分たちで遺伝資源を集めようと、一九九〇年代にローラー作戦をおこなって県全体から、昔からつくられてきたもの、なくなりそうなもの、なくなったものをジーンバンクに集め、「お宝野菜」として復活させてきました。太田カブは、太田川の上流域でつくられていたカブを別の流域でＪＡが中心となって復活させました。ジーンバンクに持ち込まれましたので、いったんフォーマルなシステムに入ったものが、もう一度インフォーマルの地域に帰っていった事例で、種子の貸出事業と言っています。ジーンバンクが県の農業技術センターと同じ所にあったため、センターの圃場で作物の特性を検定してその情報を公表し、県民に積極的に情報公開していました。

戦後の栄養指導のなかで塩分の過剰摂取から漬物が忌避され、漬物の消費量が減少し、各地にあった伝統的な漬菜類が消えていきました。それらの伝統野菜を新しい食べ物としてリメイクする取り組みを始めました。単に、種を供給するだけではなくて、食べ方までを含めて新しい文化をつくる試みです。種を守るということは、昔ながらの使い方そのままを復活させることだけではなくて、それぞれの地域に合った新しいかたちで利用していく側面もあります。

長野県では、野菜の伝統品種保全にハイブリッド技術を利用しています。長野県では一〇年前ほどから伝統野菜の認証をおこなっていますが、昔からつくられている品種は品質が安定しないことから、商品化が難しかった。伝統野菜を守っていくには、一定の規格化も必要だということから、五つの品種をF_1にしました。その育成にあたっては、農家自身が親を選択してF_1をつくっていきました。そうしてハイブリッドができあがると、あるリーダー農家が、「これで自分の役割は終わった、でも自家用ではハイブリッドではなく従来の固定種をつくる。」と言っていました。

農家は、F_1は地域農業振興のためだと割り切っていて、自分が食べたい物は自分でつくるということなのです。それは両立するのです。F_1が普及することによって、在来品種がなくなると言われますが、それほど単純な図式ではないと思っています。

京都府では伝統野菜のブランド化に力を入れています。関連して、府の政策とは別に、府立桂高校のクラブ活動で一四種類の京野菜の種を採って、調製をして貯蔵しています。農家はわれわれ研究者にはなかなか種を提供してくれないことも多いのですが、高校生が何回もお願いすると、協力していただけるそうです。例えば、桂うりの甘さは水に溶けませんので、その甘みをケーキに利用して、糖尿病患者向けに商品をケーキ屋と共同で開発し病院に納入することをしています。そのように、単に種を採るだけでなく、伝統的な野菜を新しいかたちで使っていくこともおこなっているのです。使わないかぎり、種は守れません。

「ゆきむすび」という宮城県の米品種があります。わずか五〇㌶くらいしかつくられていませんが、奨励品種になっています。奨励品種には、全県でつくるための奨励品種と県内の特殊な地域でつくるための準奨励品種があります。鳴子地域には有名な温泉がありますが、周辺には耕作放棄地が増えてきて、温泉の泊り客にそれをみせるのは見栄えがよくない、何かを栽培できないかと農家が試験場に相談したら、試験場にお蔵入りになっていたいくつかの品種の中から選び、炊き方まで皆で考えながら奨励品種になったものです。開発されてから奨励品種になるまでに、けっこう時間かかっている品種です。試験場が自由に品種育成をしていたためにこうした奨励品種が生まれてきたことから、間接的に種子法が役に立った例ではないかと思います。

「いいちこ」は大分の一村一品運動で有名になったブランド焼酎で、大麦を原料にしていますが、この原料はオーストラリア産です。そこで大分県は、国産の大麦を原料にして焼酎ができないかと、九州のような暖地でもつくりやすくて、蒸留性の良い大麦の開発に取り組んでいた国の九州・沖縄農業研究センター（当時）との協力を行いました。種子法では奨励品種決定のための試験を県でおこなうこととされていましたので、減反面積を確保する意味で、大麦の奨励品種決定のための試験として大きな面積を確保しました。そうして生産された大麦を、「いいちこ」のメーカーが全量買い取ることにしました。県・国・企業が協力してうまくいった例です。こうしてできた大麦「ニシノホシ」は、現在では最終的に九州三県で奨励品種となり、それからできるブランド焼酎は「西の星」となりました。

地域の中に種子循環の仕組みをつくる

飢餓問題が深刻なエチオピアでは、農家が自分で種を採っているので生産性が上がらず、なかなか飢餓が解消しないとし、政府が改良品種を供給する必要があると言っています。しかし、フォーマルシステムだけに注目すると、優良種子の供給量が圧倒的に不足しています。そこで、基本的にはフォーマルな種子システムを目指しますが、同時にインフォーマルなシステムも活用することにしています。これは、今回の種子法廃止の姿に似ています。つまり、企業が十分に種を供給できるまでは、当面は公的機関（県など）が担ってほしいということです。結局は、企業が中心になった種の供給を目指しているのです。

しかし、農家はそうは考えてはいないのです。栽培面積がエチオピアで最も多い、テフというイネ科の作物は、一つの村の中で何種類もつくられ、村の中で種が保存・交換されてきました。実は、このようにローカルで種が保存・利用されていくことが大事です。種を地域の中で循環させていくわけですが、ほかの農家から借りた種は次の年に二〇％増やして返さなければならないというルールもあります。こうした動きにはＮＧＯだけでなく政府も協力しているのです。

種が足りないときは、一般的には民間企業や政府機関で種子を増産する供給を増やす介入がおこなわれますが、農家が使用する種を減らすのも一つの方法です。途上国では、発芽が不安定なので必要以上の種を蒔く傾向があります。それを減らすことができれば、必要な種の量を減らすことができます。そのように、いろいろな解決の方法があるはずです。

また、農家自ら種を採ってもらえば、種子の更新を減らすことができます。毎年、種子更新をしようとするから種がたくさん要るわけで、三年に一回の種子更新にすれば、種は三分の一で済みます。種子法は毎年の種子更新を前提としていたので、農家の選択を狭めていたとも言えます。そういう意味では、種子法がなくなるのは農家にとってはいいことだとも言えます。

地域の中に種子の循環に介在するコミュニティ・シードバンクと呼ばれる組織があり、フォーマルなジーンバンクと地域のインフォーマルな種子の循環とをつないでいるのですが、これは広島の例とエチオピアの例とで共通する仕組みです。実は、世界中でこうした動きが起こっていて、こうした動きに注目していくことで、種は守ることができると思います。

種には国際的な三つの重要な約束

国際的な法的枠組みに話を進めます。種に関する重要な国際的な約束が、三つあります。一つ目の生物多様性条約は、作物だけでなくすべての生物を対象として、それらの保護・利用・利益分配に関する取り決めです。この条約の特徴は、原産国の主権的権利を認めていることで、所有の概念を含んでいます。約束の二つ目は、ＦＡＯの食料及び農業のための植物遺伝資源に関する国際条約で、作物は相互依存していることを踏まえて、誰もが利用しやすく、もっと自由にアクセスできるようにしようという考え方です。そこには、種を守り多様性を育んできた農民の権利や農家の役割がしっかり位置づけられ、消費者・育成者が利用から得た利益を、保全していたコミュニティ等へ配分をしていくとしています。三つ目は、植物の新品種の保護に関する国際条約で、品種の育成・開発のためにはある程度の商業活動を認めるものの、そのなかには農家の自家採種が例外として認められています。この条約の締結国は、この例外を認めるかどうかは任意で、これまで日本は認めていましたが、今後は認めない方向で、ここが大きな問題になっています。

品種の多様性を守るために種を保存する所は、いわゆるジーンバンクであり、圃場ではなく冷蔵庫などで保存されます。これは、種（遺伝資源）の育種利用には便利な施設で、フォーマルなシステムを支えている施設と言えます。一方、農家が自分の圃場でつくり続けている作物の種を蒔いているというローカルなシステムも、実は作物遺伝資源の保全という意味では重要な役割をもっています。フォーマルとインフォーマルがお互いに相互補完している状態が好ましいと思います。

なお、生物多様性条約は環境条約だと誤解されることもあるようですが、実はこれは経済条約で、多様性の保全と利用、そして利益の配分という経済的な取り決めを規定しているのです。

ＦＡＯの植物遺伝資源国際条約では、生物多様性を涵養してきた農家の役割を明示的に条約として認めて、「農民の権利」の概念を導入しています。ただ日本政府は、この部分を制限的に見ています。日本の農業者は生物多様性を涵養しているとは思えなく、まして自分で種を採っている農家がどれほどいるだろうかということです。農民の特権として自家採種の概念もありますが、日本政府はあまり重要と考えていないようです。農林水産省は、審議会等を通じて農家が政策に対して発言する機会を担保しているので、日本政府は農民の権利を認めているとしています。ここから見て、当面は農家の自家採種の意義は認めないだろうと思われます。私自身は、植物遺伝資源国際条約の二年に一回開催される締約国会議で、二〇一三年の日本加盟以来日本の「農民の権利」の状況に関して、事例を紹介しています。

先ほど説明したように、区別性・均一制・安定性で規定されていて、これらが証明されれば品種として登録することができます。こうして登録された品種については、自家採種を制限するというのが今後の方向になると思われます。従って、在来品種や昔からの固定品種に関してはそうした規制は関係ないと思われます。条約の中に、農民の権利の概念が導入されたと言いましたが、もともとの行為としては世界中の農家は自家採種を以前からおこなってきたことです。ただ、権利の概念としては、育種の技術者の権利を守る法的概念の確立が先行したため、農民の権利、つまり遺伝的素材の提供者の権利は、概念としては後になって出てきたものです。現実の問題としてあったものと、概念として、あるいは法的に認められたものとの順序が逆になってしまったことが権利の姿をわかりにくくしています。農民の権利を明示しようと、一九八〇年に、ＦＡＯの総会で議決され、それに基づいて条約ができあがったわけです。

日本で育成のコムギ品種農林一〇号の物語

日本で守ろうとする種が、昔からつくられていた品種のことを指すのであれば、米にしても麦にしても、全部原産地は海外で、三〇〇〇年以上前には日本にはなかったものですので、昔から日本にあった作物という言い方自体が不正確です。では、日本に昔からあった作物はないのかというと、その代表的なものがわさび、ふき、みょうが、うどです。従って、日本古来の品種を守って海外への流出を防ごうというのならば、そうした作物を守るということを意味します。

一方、新潟のコシヒカリは毎年系統が変わります。だいたい七系統が使われ、そのうち二系統はいもち病の抵抗遺伝子が純粋な日本産ですが、残りの五系統はフィリピン、アメリカ、中国、インドから導入された遺伝資源を利用しています。もしフィリピンで一粒でも米は出さないと言われれば、これらの系統は作ることが出来ませんでした。そうすると、新潟県のコシヒカリのいもち病抵抗性の一部が欠けてしまうことになります。そもそも作物の種は国際的に相互依存しており、それを前提にして種を守るということを考える必要があります。

農林一〇号という小麦の品種があります。国が育成した小麦で一〇番目に開発された品種です。稲塚権次郎という農学者が、東北で、第二次世界大戦前につくった、背が低く頑丈で骨太な品種です。もともと雪の多い東北に向けて品種開発されたもので、半年近く雪の下で埋まっていても腐らない強い小麦を目指したものです。この品種の親は、ターキーレッドというアメリカから導入した品種で、もともとはトルコから来たものです。第二次世界大戦に日本が敗れたときに、進駐軍の中にいたアメリカの農学者サーモン氏が、こんな素晴らしい小麦はアメリカにもないので持って帰りました。アメリカの品種と交配して作られた品種がゲインズという名前の品種になり、アメリカの小麦生産性を画期的に向上させました。さらに、メキシコの小麦トウモロコシ改良センターのアメリカ人研究者ボーローグ氏が農林一〇号を利用して、とくに南アジアを中心とした途上国のための小麦品種をつくります。そうして各国から研究者を呼んで、自由に持って帰ってもらって育成してもらうことにしました。一九六五年（昭和四〇年）前後、インド・パキスタンが大規模な飢饉に見舞われたときには、数万トンの種を送っています。それによって、一定程度、インドの飢餓が救われ、パキスタンでもある程度自給可能な小麦生産が可能になりました。これによってボーローグ氏は一九七〇年に、ノーベル平和賞を受賞しています。約一〇年後の一九八〇年に、先ほどの稲塚氏とボーローグ氏は面談をして、ボーローグ氏は稲塚氏に農林一〇号育成の感謝を述べ、稲塚氏はそれを広めてくれたことに感謝を表明しています。現場で種をつくっている人たちは、こういう感覚をもっているのです。このように、世界中で相互依存をし、かつ世界中を旅している遺伝資源の最も雄大な事例として、農林一〇号の存在があります。

昭和四〇年代くらいから種子法には批判がありました。それは、奨励品種制度や種子更新制度は、農家の品種を選び自家採種をする権利と能力を奪ってきた可能性もあるというものです。現在、種子法に関する議論の中には、こうした視点はほとんど見られません。ほんとうに自由に革新的な農業をしたい人は、種子法の廃止を歓迎しています。そうした議論が欠けています。

また、知財に関しては、県や独立行政法人など公的機関がつくったものの知的財産権は保護されていますが、それは種子法ではなく種苗法が守っているのです。ただ、あきたこまちは例外で、秋田県が開発したのですが、多くの県品種の協力を得て開発したことから、秋田県は権利を主張することを遠慮したという経緯があります。従って、あきたこまちは品種登録されていません。そのように、種子法のあるなしにかかわらず、多くの配慮のなかで、育種がおこなわれ、地域の重要な品種が育てられてきました。

なお、農林水産省は、生物多様性にとって有機農業は重要な取り組みだと言っています。しかし、そのために農家による自家採種について、農水省が推進するということは言っていません。ただ、地域ブランドをつくるなかで有機農業の農家が自家採種をしている事例は認識しているようです。

地方創生のなかで、伝統野菜に関しても、そのブランド化が議論されるようになりました。関係者が連携して伝統を受け継ぎ、消費者とつなぐ循環を構築することにより、伝統野菜の振興を通じ、地域農業の活性化を図ることが有効であるとされています。しかし、採種に関しての議論はされていません。種の議論がされないまま、その一方で種苗産業の強化が唱えられているわけです。

今後の方向は、登録品種の自家採種・自己増殖は原則禁止にされることになります。このことは、大きな方向転換であるように伝えられることもありましたが、実は、以前から議論されてきていた方向で、突然出てきた制度変更というわけでもありません。農水省としては突然方針を変えたわけではなくて、ここ数年間取り組んできたことの一つの段階として発表したものだと思います。

世界に目を向けて見ると、二〇一四年（平成二六年）は国際家族農業年でした。世界の食料の七割程度は小規模な家族農業によって生産されていると言われ、家族農業の重要性を認識させました。

日本はＦＡＯに対しては非常に協力的で、イネの年には率先してイベント等に協力をしてきていましたが、この国際家族農業年に関してはあまり関わりを持とうとしてきませんでした。ＦＡＯはさらに、二〇一九年からの一〇年間を、国連 家族農業の一〇年とし、家族農業の推進に取り組んでいます。それに対応して、日本の農政がどうしていくかは注目していきたいと思っていますが、今のところ、ほとんど無視しているという状態ではないでしょうか。

アグロエコロジーは、中南米を中心にして、科学的な持続可能な農業論と政治的な民主化運動が結びついた議論です。カリフォルニア大学の研究者ミゲル・アルティエリ氏が中心になって、次の世代の農業として、このアグロエコロジーを位置づけています。彼は、科学や技術、思想・芸術の分野に大きく貢献した方々に贈られる日本発の国際賞である京都賞を受賞しています。そうした世界の流れの中で、種を議論していく必要があります。

農業という池に浮かぶボートは大規模化へ

宇根豊氏は、福岡県で農業改良普及員をされていて、「環境と農業のかかわり」についてずっと発信されてきた方ですが、その考え方を種にあてはめて考えてみます。

生物多様性条約やＦＡＯの植物遺伝資源条約など国際的な仕組みを理解してうえで、多様な農家や消費者が、作る物や食べる物を決めることができるシステムでおこなわれる農業の可能性が追究されるべきだと考えます。そこには、家族農業、小規模農業が含まれ、多様な農業が切磋琢磨していくことが必要です。大規模で産業的な農業が池に浮かぶボートとたとえると、池全体が農業とも言えます。現在の日本の農政は、ボートを大きくして池を干上がらせているような状態であり、これでは農業が持続しないと、宇根氏は言っています。

これは、種のシステムについても言えることです。自家採種を含むインフォーマルなものの存在を前提として、フォーマルなものも含む全体の種子システムを強くしていくことによって、最終的に、農業全体、そして食料供給システムが強くなるのだと思います。

そのような俯瞰的な見方をして、種子法の廃止や、種苗法の改正についての議論をしていく必要があります。多国籍企業が参入してきて大変だということを叫んでいるだけでは、建設的な議論はできません。

生活農業や家族農業が存在し、その一方では、企業による種子供給があり、大規模な産業的な農業が存在し、そして、これまで種子法が支えてきた総合的で公的な種子供給や自家採種、企業による種子供給というように多様な種子の供給があることが望ましい。

そして最終的には、生活文化の一部としての農業を基盤とした競争力を確立できれば、日本の農業・農村が持続可能になっていくと考えます。

（にしかわ　よしあき）

〈質　疑〉

――植物、動物それぞれに生命が存在しますが、食べ物としての植物には、それを育てる人間に生命が信託されているのだろうと思います。そう考えると、生物資源に知的財産権を付与することには抵抗があるのですが。

西川　基本的には、種の主権は種にあるのだと私も思っています。最近の南北問題には、農民の権利を所有と捉える見方もありますが、その一方では信託されているものとして農民の権利を主張する人たちも増えてきています。英語でいうと信託は、guardianshipとstewardshipという言い方があります。前者は、どちらかというと神から託されているというような意味で、後者は執事のように自分には所有権はないものの、家のことを責任をもって取り仕切るという概念です。そうした意味合いをもって、種とのかかわりに責任をもつ者としての農業者であり、企業ということだと思っています。所有という意味を強く出すのは相応しくないとは思いますが、だからといって種苗会社をはじめとする企業に何の権利も認めないのは、農業を発展させていくためには好ましくはないと考えます。

　もっとも、特許などを網羅し、すべての権利を自分たちで囲い込んでいるというビジネスモデルには、何らかの制限をかけるべきです。

――種子法が農家の権利や自主的な活動を狭めてきた面もあるとおっしゃっていました

が、現場の農家からもそうした声が聞かれます。種子法の廃止自体については、どうお考えですか。

西川　種子法そのものというよりは、奨励品種制度が農家の自主性を制限してきたのだと思います。それは、品種育成についてだけではなく、ＪＡを通じた出荷システムとも連携しています。そもそも今の稲作農家は種を買わずに苗を買っています。ＪＡが種から苗をつくって、苗を農家に供給して、農家はそれを育てて穫れた米をＪＡに引き取ってもらうのが主たる流通になっています。そのシステムの中では、カントリーエレベータで複数の品種を扱うことは難しい。それぞれの地域で、だいたい二〜三品種しか扱えません。そういう意味では、この制度の中で農家は品種を自由には選べません。自分で品種を選んでつくっている農家は、自分でマーケットを開拓するしかありません。食管法時代にはそうした行為はヤミ流通といわれましたが、今ではそうした規制はなくなったものの、かつての流通システムは依然として中心にあります。従って、全体の流通システムのなかで種子法を捉えたうえでみても、種子法が農家にとってネガティブな部分をもっていたことは否定できないと思っています。

――ブランド野菜として京野菜は有名ですが、その採種はどのようにされていますか。

西川　京都の万願寺とうがらしは有名ですが、自家採種されているものもあります。中にはたった一人の農家が採種しているものもあります。一部には、選抜・交配して品種登録されているものもあり、そうしたものの多くは企業が開発したものです。例えば、東京で使われている九条ねぎはハイブリッドですが、京都の高級店で食べられるような物は自家採種された在来の物だと思います。したがって同じ京野菜でも、種の供給には複数のルートがあります。そのように需要の程度によって、種苗会社が種を採っているものもありますし、集落で採っているもの、あるいは個人が採っているものがあるということです。ハイブリッドの品種の多くは海外で採種されています。

—— 新潟のコシヒカリには、少なからず外国の稲の遺伝子が入っているということですが、そうした遺伝子は常に導入していかなければならないのでしょうか。

西川　系統をつくるときに使いますが、いったん系統ができれば、その維持は新潟県がおこなっています。

—— フォーマルな供給システムとインフォーマルな供給システムをもう一回つなぐには、具体的な取り組みが必要ですか。その場合、企業の知的財産権と農家の自家採種をどう調整していくのでしょうか。

西川　これまでの種子法のシステムでは、地域にあった品種をつくるときにもともと地域でつくられてきた品種をどちらかの親にして掛け合わせます。フォーマルなかたちで公的機関が育成するのですが、そうしてつくられた品種はまたその地域に還っていきます。これはとても有効な仕組みだったと思っています。品種開発そのものに種子法は関係ありませんが、フォーマルとインフォーマルをつないできた仕組みだったと思います。また、広島の例のように、いったんなくなってしまった野菜を、農家が使えるようにしていく取り組みもあります。国のジーンバンクは、研究用や育種用にしか種を供給してくれませんが、広島県のジーンバンクは農家が種を蒔きたいと言えば、提供してくれます。企業の知的財産権との関わりでは、オープン・ソース・シード・イニシアティブという取り組みが注目を集めています。種苗会社は品種をつくりますが、その種に販売にあたって、「私はこの種に対する知的財産権を主張しません」ということを表示します。このネットワークは世界的に広がっています。これは、コンピュータのOSをフリーにしているのと同じ発想です。それでも利益を出している企業はありますから、こうした動きはさらに広がっていくかもしれません。

――伝統野菜の生産を進めていこうと考えている農家は、自家採種の行方に大きな関心をもっています。在来のものに関しては、自家採種は規制されないと考えていいのでしょうか。

西川　在来品種など、これまで農家が採り続けてきたものに関しては、農民の基本的な権利ですし、とくに生物多様性の保全に貢献してきたところですから、認められていくと思います。品種登録されているものに関しては、企業が持っている技術を使って新しい品種を生み出したものですので、その自家採種には制限が加えるというのが、現在の農水省の考え方のようです。これは、農業者の側からも強い希望が出されていることだそうです。販売農家にとっては、自家採種によって種子の源がはっきりしないものが市場に流通されては困るということのようです。私としては無条件で賛成はできませんが、農水省としては販売農家を対象に政策を進めていると思います。品種登録されていない在来種の種を自家採種することは自由ですし、そうして採種された種が地域から外に流通することを妨げるものではありません。種苗法はあくまでフォーマルな部分を規定するもので、伝統野菜など地域でずっと守られている在来作物の種子はインフォーマルなシステムで管理されていますので、基本的には法律の適用はありません。

――広島県のジーンバンクは非常に重要な取り組みだと思いますが、種を使うという動きも必要で、需要の喚起も種を守っていくには大切だと思います。

西川　広島の事例は、日本が世界に発信できる素晴らしい例だと思います。残念ながら、厳しい財政状況から、今年度で事業を終えると聞いています。しかし、県内の百数十軒の農家がジーンバンクから種を借り出して、種を引き継いでいこうという動きが草の根的に起こっています。概念的に日本の種を守ろうというだけでは、市民や農家にとってはなかなか身近に感じられません。例えば、種を引き継いでいく活動にクラウドファウンディングで参加するといった、建設的な取り組みをするほうがはるかに有効です。広島県でおこなわれた取り組みに期待をしていきたいと思っています。

（二〇一八・八・二）

出版にあたっての補足：（二〇二〇・八・二一）

講演実施から二年が過ぎ、その後種子をめぐる議論に大きな動きがあったので、若干の補足説明を加えたい。

国内では、登録品種の自家増殖を禁止する種苗法改正案が二〇二〇年春の通常国会に提出されたが、政府と農家・消費者や市民運動関係者との間に種子のシステムに関する理解に隔たりと混乱があり、現時点では審議に至っていない。

国際的には、二〇一八年一二月の国連総会で採択（日本は棄権）された「小農と農村で働く人びとの権利に関する国連宣言」が、自家採種を含む種子システムをめぐる政策決定への小農らの参画の権利を強く打ち出したことと、環境と社会に配慮した持続可能な農業を実現する科学・実践かつ社会運動であるアグロエコロジーの考え方が、フランスなどのＥＵ諸国や国連食糧農業機関（ＦＡＯ）などで政策のメインストリーム化がされつつあることから、種子のシステムに対する考え方も大きく変化することが予測される。

ゲノム編集は種子開発を変えるか

筑波大学つくば機能植物イノベーション研究センター　センター長　江面　浩

ただいまご紹介いただきました、筑波大学の江面と申します。どうぞよろしくお願いいたします。私は、筑波大学の付属施設である「つくば機能植物イノベーション研究センター」に所属しております。ここでは、植物を中心に先端技術から社会実装までを扱っています。

種子を守らないと食料生産ができなくなりますし、品種改良を営々とおこなってきたから食料生産が維持できているのです。コシヒカリはできてからすでに五〇年ぐらい経ちますが、その種の維持には多くの人が関わってきています。各県には農業試験場があり、そこには原種を扱う部署があってコシヒカリの基の種が保存されています。たとえば種を一〇〇〇個蒔くと、二～三個不規則なものが出現して、増殖にあたってそれを捨てなければいけません。そうしていかないと、コシヒカリがコシヒカリでなくなってしまいます。それを品種崩壊と言っています。

品種改良は、常に維持をしていることで保たれているのです。われわれが食料をつくり続けるためには、品種改良をし続けなければなりません。

種子は守らないと食べる物がなくなってしまいます。そして、種子はいろいろな国の文化にかかわるものなので、それぞれの国で色々な食べ物を食べていて、それで文化ができあがっています。従って、いろいろな地域の作物を守っていかなければなりません。種を守れるかではなく、守らなければいけないと思います。

新しい技術ができてきて、さまざまな議論がされていますが、それらの技術は種子に関して大きなインパクトを与えています。ただし、ゲノム品種＝品種改良というわけではないので、すべてがゲノム編集で可能なわけではありません。いろいろある品種改良の技術の中の一つだという位置づけです。この技術を使ったほうが良い品種を早くつくれるという場合もありますので、そうした場合にはこの技術が使えるということです。

農作物の品種改良とゲノム編集技術

あたかもゲノム編集技術がこれまでの品種改良技術にとって代わるように言われていますが、そんなことはありません。品種改良の技術は、非常に多様な技術が使われていて、農作物の種類によって、「種で増やす」、「苗で増やす」、「イモで増やす」、あるいは、自分の花粉で種がつく自殖性の作物、あるいはそうではない他殖性の作物もあります。

そのように、いろいろな作物、それぞれの品種改良の技術があり、実に多様です。したがってゲノム編集技術は、たくさんある品種改良の作業の中の一部だともいえます。当然、ゲノム編集技術ではできない品種改良もあり、それは別の技術を使うしかありません。それに、ゲノム編集技術は、品種を大きく変えることはあまり得意ではありません。例えば、味を甘くしたい、特定の成分を増やす、あるいは一定の病気に強くするといった改良に適しています。コシヒカリに新しい病害が出てきたことから、その病気に強い品種をつくるといった場合には、この技術は向いています。大々的に新しい品種を一から作り直すという場合には、今のところ不向きだと言えます。

交雑を何回も繰り返し、欲しい遺伝子を残す

農作物の品種改良は、大きく五つのステップに分けられます。一つ目のステップで、遺伝資源を集めてくることから始めます。遺伝資源が見つかったら、今度は変異の拡大のために、見つけてきた遺伝資源と改良したい品種を交配します。そうして、獲得したい遺伝子を交配で入れていくことになります。探しても遺伝資源がなかなか見つからないときには、科学薬剤や放射線を使って、もともとの遺伝子に突然変異を起こして新しい遺伝資源をつくる突然変異誘導をおこないます。これ

が二番目のステップで、ここまでは普通に使われている手法で、皆さんが食べているいろいろな作物の品種の多くはこうした方法でつくられたものです。ミルキークイーンという米品種は、放射線を使って遺伝子に突然変異を起こさせてつくったものです。ブドウの巨峰は、突然変異で染色体が二倍のものができて、実が大きくなってしまったもので、これも突然変異でできた品種です。

品種改良ではすべての遺伝資源を入れるので、要らない遺伝子まで入ってきます。病気にものすごく強いものの品質はもう一つという野生の小麦を使って、普通に交配をすると、野生の小麦がもっている一〇〇％の遺伝子と栽培している小麦の持っている一〇〇％の遺伝子を交配して混ぜ、その中から病気に強い遺伝子だけを残して、できるだけ欲しい遺伝子が残るように戻し交雑を何回も繰り返します。

二〇〇〇年くらいから、生物のゲノムの解読が進んできました。その結果、重要な農作物については、どれだけの遺伝子があって、どれがどんな機能をもつ遺伝子かがわかってきました。つい最近も、小麦の全ゲノム解読ができたことが話題になりました。小麦は人工的につくられた作物ですので、染色体が六倍体とひじょうに大きな遺伝子を持っており、それだけにゲノムの解読には時間がかかりました。そのように、重要な機能をもつ遺伝子の本体がわかるようになってきているため、病気に強くなる遺伝子を入れてやれば病気に強い作物ができます。そうした場合は、遺伝子組み換え技術を使って品種改良をしていくことになります。

ゲノム編集という技術は、もともとその生き物が持っている遺伝子のチューニングをする技術だと言えます。例えば一〇〇馬力の自動車のエンジンを少しチューニングして、一〇五馬力にするといった感じです。逆に、もともとある遺伝子を少し抑えるということもできます。従って、もともとはない遺伝子は編集できません。このような遺伝的変異の拡大をおこなうのが品種改良の第二ステップです。

第三ステップは変異の選抜で、自分たちに必要な性質を持ったものを選ぶことになります。次の第四ステップには、変異の固定がおこなわれます。たとえば種で増やす作物であれば、種を採った子どもが親と異なっていてはいけないので、親と同じ性質になるように操作をおこないます。その技術にはいろいろありますが、たとえば自殖では、自分の株を何回も繰り返し交配して、遺伝子を揃えていくという作業をおこないます。さらに第五ステップでは、特性検定がおこなわれます。これは、欲しい性質をほんとうに持っているかどうかを調べることです。

農作物の場合、この段階までで通常一～二年かかります。さらに農作物では、収量など生産性についても調べる必要がありますので、もう二年くらいかかります。稲や小麦のように純系（種をそのまま蒔いて使うもの）は、この段階で品種改良は完了ですが、多くの野菜のようにハイブリッドをつくる場合は、最適な親の組合せを検討しなければならないので、それにまた二年くらいかかります。そうして、このステップだけで六年くらいかかることになります。そうした改良作業をしている間に、苗の生産をどうするか、あるいは栽培技術の標準化などの試験がおこなわれます。とくに露地でつくられる作物は、その土壌に大きく影響されるため、栽培地の土壌によって施肥などの管理技術が異なってきます。

病気に強くかつ商品性のある配列を

このように、品種改良はかなり時間がかかる作業で、それぞれの品種については一〇年くらいの時間をかけておこなわれてきています。果樹の場合は、自分が勤めている間に一品種出るか出ないかくらいの長い時間をかけて、品種改良がおこなわれています。したがって品種改良に携わる人たちは、そうした期間をどれだけ短縮できるかに努力しています。稲や麦など毎日食べられてるような作物については品種を頻繁に変えることはしませんが、野菜や果物は嗜好品で、時代や年齢とともにその好みが変わってきます。嗜好が頻繁に変わるものは、品種を早く開発することが非常に重要になってきます。特にそうした作物で新しい技術を使おうという動きが出ています。

同じところで同じ品種を何回もつくっていくと、いくら病気に強い品種をつくっても病気の進化のほうが早いので、さらに病気に強い品種をつくっていかなければなりません。そうした場合は、まず病気に強いものを探してきます。普通は病気に強いものと今までの品種を交配して、戻し交配などの技術を何度も繰り返して、病気に強くかつ商品性のあるものを選んでいきます。そうすると、優秀な種苗会社が頑張っても三～四年かかります。

　こうした改良にゲノム編集を使うと、病気に強い遺伝子の配列さえわかれば、それを編集することで、今まで交配に要していた時間が大きく削減されます。そうしたケースではゲノム編集技術はとても有効ですが、遺伝子が十分研究されていないと使えません。

　ゲノム編集では、狙った遺伝子に変異を正確に導入することができます。今までは交雑という方法によって、主に同じ種類の中で遺伝子を混ぜて、その中から理想の組合せを持ったものを選んできていました。欲しい遺伝資源が見つからないときは、ランダム変異導入として化学薬剤を使って遺伝子にランダムに変異を入れ、その中から必要な変異だけを取り出してきます。放射線もランダムに変異を起こさせるために使われます。

　またバイオテクノロジーとして、従来から使われてきた組織培養によっても突然変異は起こります。狙った突然変異をつくるのが遺伝子組み換えです。病気に強くなる遺伝子がわかっていれば、その遺伝子を挿入してやればいいのです。例えば、トマトは三万五〇〇〇個の遺伝子を持っていますので、病気に強い遺伝子を三万五〇〇一個目に入れてやれば病気に強いトマトができます。従って、新しい遺伝子を入れるのが遺伝子組み換え技術です。ゲノム編集も同じように狙った変異を遺伝子に入れますが、もともとある遺伝子を病気に強いように書き換えるのだけなので、もともとある三万五〇〇〇という遺伝子の数は変わりません。このゲノム編集に関しては、世界ではいろいろな技術開発が進んでいます。

ゲノム編集の原理。農作物は突然変異の塊

専門的には目的の遺伝子を正確に探し出す技術と、探し出した遺伝子に変異を入れる技術を組み合わせた遺伝子変異導入技術を、一般にゲノム編集技術と呼んでいます。日本ではＳＩＰという国家プロジェクトが始まって注目され始めましたが、海外でも同様に、二〇一四年くらいから話題になっていました。この技術自体は古いもので、メガヌクレアーゼ、ＺＦＮ、ＴＡＬＥＮなどは二〇〇二年頃の技術ですので一七年も経っている技術です。二〇一二年（平成二四年）に、CRISPR–Cas9という新型のゲノム編集技術が開発され、これが出てきたことで使い勝手が格段によくなりました。それまでは、編集のための道具を製造するのが大変でしたが、新しい方法では高校生でつくれるくらいのものになりました。そうして、この技術が普及していくことになりました。

狙ったところに変異を入れるには、二つの技術が用いられます。その一つは、自分が編集したい遺伝子を見つけるための仕組みで、もう一つは狙った遺伝子のところを切るためのハサミと、そのハサミを運ぶためのたんぱく質です。自分が編集したい遺伝子が三万番目にあるとすると、そこにハサミを運んでいき、それが染色体を切ってくれます。通常、地球上には宇宙から放射線が降り注いでいますので、われわれ生物の表面には実は突然変異がたくさん出現しています。そうした突然

変異が治せなくなると、がんになったりするのです。生物はそうした変異を治す仕組みを持っていて、切れた遺伝子をもとに戻そうとします。ところが一定の確率で、元に戻らず一部欠落したり、新しい遺伝子要素が入ってしまうことが起こります。これも突然変異として現れてきます。

実は、野外で農作物を栽培していると多くの突然変異が起きていて、そうして自然のなかで起こった突然変異を利用して農作物の改良はおこなわれてきました。そういう意味では、農作物は突然変異体の塊だともいえます。われわれはトマトの全遺伝子を解明するとき、旧品種を含めたすべての品種のトマトを調べましたが、いずれも遺伝子の数もパーツの数も同じでしたが、一つ一つの遺伝子を比べてみると、塩基の配列が微妙に違っていたりします。つまり、現在の品種は、もともとの品種から自然に起こった突然変異の中から、実が大きいもの、香りがいいものを選んできたものなのです。もともと野生のジャガイモのイモは小指の先くらいの大きさに過ぎませんので、今われわれが普通に食べているジャガイモにも、調べてみると同じようなことが起こっています。

自然のなかで起こっている突然変異は、どこで起こるかわかりません。しかし、ゲノム編集技術によれば、狙って一定の突然変異を起こすことができます。ある作物のある遺伝子を改良したいときには、まずハサミになる遺伝子の遺伝子組み換えしてハサミをつくります。そのハサミが狙った遺伝子のところにいって狙った遺伝子を切り離します。そうして狙った遺伝子に突然変異が入ります。次に、その系統の種を採ると、メンデルの法則にしたがって染色体が分かれ、ハサミが残っている個体と残っていない個体ができます。ハサミは残らず突然変異だけが残ったものが、ゲノム編集でつくられた作物として利用されます。最初のハサミをつくるときに遺伝子組み換えを使ってはいるものの、最終的につくられるものには遺伝子組み換えした遺伝子は残らず、元からの遺伝子が突然変異したものしか残っていません。従来おこなわれてきた科学薬剤や放射線によって突然変異を入れる方法では、ゲノム全体に突然変異が現れることから、必要な変異を残す操作が必要になります。また、遺伝子組み換え技術による育種では、組み換えて入れた遺伝子が残っていきます。

ゲノム編集技術でできたものと科学薬剤や放射線によってできたものでは、最終的に作り出されたものに差はありませんが、ゲノム編集技術では、その一部で遺伝子組み換え技術を使っていることから、そこが議論になっています。もっともつくる過程よりもできあがったもので判断するという意見もあるのも確かです。ヨーロッパでは前者が、アメリカでは後者の論調が強いようにみえます。遺伝子組み換えでつくったものには全く違ったものからとった遺伝子が入っていますが、ゲノム編集技術によるものは、元のものと全まつたく同じ遺伝子をもったものです。その意味でゲノム編集技術と遺伝子組み換え技術は、まったく違います。

ゲノム編集技術の利用で高める効率

こうしたゲノム編集技術の利用がいろいろな場面で試されています。ゲノム編集技術は、組み換えた遺伝子は取り除かれるので何回も繰り返すことができ、複数の遺伝子を同時に編集して改変することもできます。農作物のなかで病気に強いという性格を調べると、一個の遺伝子ではなく、複数の遺伝子が働いて病気に強くなっていることがわかります。もともとの野生種ではたった一個の遺伝子でしたが、それが種を採られていくうちにコピーされていって、複数個を持つようになってますます病気に強くなってきました。そうすると、病気に強い遺伝子を同時に複数編集してやればいいということになります。

ただ、従来の品種改良の方法では、相当な時間がかかりました。小麦は人間がつくった六倍体ですが、そうした小麦の重要な性質は複数の遺伝子によるものですので、その品種改良にはかなりの時間がかかっていました。ゲノム編集技術を使うと、同時に三個の遺伝子を書き換えることができるようになっています。そのように、ゲノム編集技術によって、品種改良の効率を高めることができると考えられています。

ただし限界もあります。もともと持っている遺伝子を調整することで新しい性質を出すものなので、もともとの遺伝子は直せません。また、ハサミが狙ったところだけを切っているかどうか、他の遺伝子を傷つけていないかも注意が必要です。従来の交配によってもさまざまな変異は起こってはいますが、狙う遺伝子の情報について、さらに充実させていく必要があります。多くの品種や系統にも適用できるかも課題です。たとえばイチゴには多くの品種がありますが、そのすべてにゲノム編集技術が適用できるだけではなく、適している品種とそうではない品種もあります。

栄養繁殖性の作物への導入も課題です。ハサミの役目をする導入遺伝子を除去するには、種を採ることで選択していけますが、栄養繁殖性の作物ではそれができません。たとえば梨の幸水の種を採って蒔いても、幸水ではなくいろいろなものが出てきます。そうした作物では、さらなる技術開発が必要だと思われます。

品種開発はイネは超多収、トマトは機能性

戦略イノベーション創造プログラム（ＳＩＰ）という国家プロジェクトでは、新たな育種体系の確立を目指し、ゲノム編集技術を農林水産物の開発に利用しようという検証がおこなわれています。いくつかのグループに分かれていて、ゲノム編集技術を開発するグループ、ターゲット遺伝子を見つけるグループなどで研究開発がおこなわれています。そして、実際に作物をつくっているのが私たちのグループです。さらに、こうした技術を一般の人にも理解してもらうことを検討するグループがあります。プロジェクトの開始から四年半が経過し、いくつかの成果も出始めています。

トマトやメロンなどの果菜類は市場での競争力も高く、日持ちや甘さ、単為結果、機能性成分などへの関心から品種改良の余地が大きい作物です。イネは通常一〇アール当たり五〇〇キログラム程度の収量ですが、一・二トン程度の超多収性の品種開発が進められています。

水産分野では、養殖しやすいマグロをつくろうとしています。研究ではマグロの完全養殖が達成されてはいますが、一般では幼魚を蓄養する方法が、まだ主体です。そうしたマグロは敏感で成魚になるのは三割程度だと言います。そこで、もっと穏やかな性質のマグロをつくれれば生け簀のなかでストレスなく飼えるのではないかと考えられています。成魚になる率が上がれば、生産量が向上します。

私たちのグループで取り組んでいるのは、海外での市場開拓を目指した、輸送性に優れ、省力栽培ができるものです。トマトが実を付けるには受粉が必要で、通常は虫などが自然におこなってくれますが、熱い夏は花粉がダメになりますし、虫も飛びません。受粉させるためには、植物ホルモンを散布してやる必要があります。夏場のハウス内での作業はたいへんです。そこで花が咲いたら自然に身が付くような性質をトマトに入れてやろうと考えました。そうした性質は単為結果と呼ばれ、現在、キュウリやズッキーニの多くはそうして改良された品種です。

高付加価値をつけることを目的に、甘さ、健康機能成分を多くすることも考えられています。今でもトマトには甘いものが出ていますが、実は、甘くするために本来のトマトのもっている生産性の三割しか使っていません。普通は一〇アール当たり二〇トンくらい穫れるトマトですが、甘くするために水をやらないようにしてストレスを与えています。そうすると甘くはなりますが、収量は六〜七トン程度に低下してしまいます。そこで、ストレスをかけずにも甘くなる性質を入れられないかと考えています。

血圧上昇を抑える成分を多く含むトマト

血圧の上昇を抑えるような成分を多く含む品種の開発も目指しています。ギャバという物質にはアミノ酪酸が含まれ、ギャバ入りのチョコレートがストレス解消の機能をうたって販売されたこともあるように、血圧調整機能を持っています。これを多く含んだトマトの開発を目指しています。現在のトマトはそれを含む量が少なく、血圧調整に必要なだけ摂るには、毎食大玉トマトを三個、五〇〇グラムぐらいは食べなければなりません。そこで、トマトに含まれるギャバの量をもっと多くすることを目指しています。ギャバはすべての植物、動物、微生物に含まれている物質ですが、その濃度はさまざまです。トマトは野菜のなかでは比較的多く含まれていて、長年の研究から、トマトに含まれるある酵素が遺伝子にギャバを蓄える重要な役割をしていることがわかりました。この酵素に突然変異を入れると酵素の活性が上がったことから、この酵素の活性が上がるような突然変異をゲノム編集でトマトに起こすことを考えました。酵素の遺伝子のなかに活性を抑制する配列があるので、その直前に変異を入れて切り離してやりました。そうすると酵素の活性が上がり、結果として、トマトのギャバの含有量が一〇倍に増えました。そこまで含有量が増えれば、ミニトマトで二個程度を食べれば、ギャバのもつ健康機能性が期待できるようになります。

実際に、そのトマトを片親にしてもう片方は普通の大きいトマトにしてＦＩ品種をつくってみました。通常、ギャバは果皮が緑のときに最も多く、赤くなると減っていきます。しかし、トマトなどナス科の植物は天然の毒素を持っているので、緑のトマトにはその毒素が多く含まれ、食用には向きません。ゲノム編集技術によってつくられたトマトでも同じように、ギャバは減っていくのですが、それでも通常のトマトに比べれば四〜五倍くらいは残っていることがわかっています。世界には一〇億人程度の高血圧症の患者がいるといわれています。日頃の食事を通して健康を維持できるように、こうした高血圧対策に有効なトマトの開発は大きな意味をもっていると思います。国内ではトマトへのゲノム編集技術の利用が最も進んでおり、世界でも同じことが言えます。

利用ルールをめぐる動向

技術の利用が進むにつれ、利用にあたってのルールづくりも進んできました。昨年あたりから、いろいろな動きがあります。アメリカでゲノム編集技術を利用した開発の例では、たとえば乾燥や塩害に強い大豆、油量の多い油糧作物、生育の遅い芝、餅性の飼料用トウモロコシなどがあり、とくに二〇一六年（平成二八）に開発された、酸化酵素を抑制して、切っても茶色くならないマッシュルームがあります。そのように、いろいろなものがこの技術を利用してつくられるようになったことから、そのルールについても議論がされるようになってきました。

本年三月、アメリカ農務長官は、変異技術によって得られた生物の米国内の取り扱いについてという通達を発表しました。遺伝子組み換えを除く変異は、従来の方法でつくったものもゲノム編集技術でつくったものもできあがったものは同じであることから、規制する理由はないというものです。その後七月には、ヨーロッパの司法裁判所からの通達が出ています。そこでは変異技術で得られた生物はすべてGMOだと定義していますので、遺伝子組み換えであろうが、従来の突然変異であろうが、ゲノム編集であろうが、すべてGMOとして扱います。ただし注釈があって、突然変異についてはこれまで育種に使われてきた実績があることから例外的に扱い、従来の科学薬剤や放射線による技術によるものも例外とするとされています。しかし、ゲノム編集技術に関してはまだ実績も少ないのでGMOとして扱うということで、今後多くの実例が出てくれば、GMOから外される可能性もあるのではないかと思っています。

日本では変異の技術によって得られた生物における取扱いについては現在、審議されているところです。方向性としては、従来の品種改良として実績のあるものについては規制の対象外とすると思われます。

ゲノム編集は、その編集程度によって規制の程度も考えられているようです。第一段階は、もともとあった遺伝子をハサミで切って、その遺伝子に突然変異を入れるだけのもので、従来の科学薬剤や放射線を使ったものと同じように扱われると思われます。第二段階はハサミで切ったときに、外から短い遺伝子の断片を入れて新しい変異を導入するものです。第三段階は交配では入らないような種類から別の遺伝子を持ってきて入れるもので、これは遺伝子組み換えと同じものと扱われます。現在おこなわれている議論では、第一段階については従来の技術と同じものとして考えられていますが、第二段階については、さらなる議論が必要だとみられています。

ゲノム編集技術によって優良品種をピンポイントで高速改良できるような時代が到来しました。先ほどのギャバの含有量を高めたトマトでは、一年もかからない期間でF_1品種をつくることができました。従来の方法では何年もかかっていたことが、短期間で可能になるので、ピンポイント改良はゲノム編集技術に向いていると考えます。編集できる形質はまだ少ないのですが、遺伝子研究が進めば改良できる範囲はもっと広がっていくと思われます。

また、オーダーメイドの種子開発も可能になります。遺伝子組み換え技術は、できたものの評価にかなりのコストがかかるといわれており、その意味ではほとんどの日本のメーカーには手は出せないでしょう。一方、ゲノム編集技術はいろいろな種苗会社にも利用可能な形にできればと考えています。いずれにしても、今後の議論の推移を見守っていきたいと思っています。

（えづら　ひろし）

〈質　疑〉

――研究開発は国際的な進展をみせているようですが、その利用にあたって、特許に関してはどのようになっているのでしょうか。

江面　ゲノム編集技術の課題としては、ルールの明確化ともう一つが、いわゆるサイエンス・コミュニケーション、社会需要の進め方で、これらを同時に進めていく必要があります。遺伝子組み換え作物が議論されたときは、日本ではまだ作物がなかった時に、実際にはアメリカでつくられた作物で議論されてきましたが、今回のゲノム編集ではすでに、実際に身近にあるものに基づいて議論することができます。私も、できるだけ多くの機会でこうした話をさせていただいています。

特許に関しては、ゲノム編集にかかわる基本特許にあたるところは、外国のいくつかの研究所が持っています。国内でもいろいろ新しい技術が開発されようとしていますが、なかなかそれを凌駕する技術は出てきません。したがって今のところは、それを使わないとゲノム編集技術は使えませんので、当然、海外の特許をうまく活用していなければなりません。自動車をつくるには、さまざまな特許を使って製造しているわけで、特許を持っていないから困るということには必ずしもならないと思います。知的財産権を持っている人たちは、権利を持つ側、使う側の両方が利益を上げられるように考えています。ただし特許が分散してしまっているので、使い勝手のいいように、特許をまとめようといくつかの企業が動いているようで、実際に使うときには、そうした企業と契約することになると思います。

　トマトの味を甘くする、あるいは単為結果の特許はわれわれが持っていますので、それらも併せてうまく使っていく必要があるでしょう。そうして、消費者に受け入れられるような価格にしていくことがポイントになるだろうと思います。いずれにしても特許とはうまく付き合っていくしかないと思います。われわれの研究分野では遺伝子の解析が必要ですが、ＰＣＲという遺伝子を検知する技術はさまざまな特許がかかわっています。それでも普通に活用していますので、ゲノム編集技術に関しても同様に考えていいと思います。大事なのは、どの遺伝子をどうするかというアイデアで、その部分の特許が重要になりますが、中国での研究が大規模に進められています。

——ゲノム編集技術では、ハサミに相当する遺伝子は必ず入れないとできないのでしょうか。そのために、栄養繁殖性の作物はＧＭ（遺伝子組み換え作物）として扱われるということなのでしょうか。

江面　現在開発されている技術は、そうした遺伝子を一回入れなければなりません。ただし、遺伝子ではなくたんぱく質を入れておこなう方法も試みられています。動物ではかなり進んではいますが、植物では細胞からの再生が難しくて、まだ完全ではありません。栄養繁殖でも遺伝子を組み込まず、細胞質の中に遺伝子を入れて、操作が終われば分解してしまうという方法も試みられています。そうした方法であれば、ゲノムの中には遺伝子は入らないことになりますので、その技術が確立すれば、果樹や栄養繁殖性の作物でも使えるようになると思います。なお、ギャバ含有量の多いトマトは、入れた遺伝子を含まないものを選抜してつくっているので、ＧＭには該当しません。

――CRISPR-Cas9という技術について、詳しく教えてください。

江面　一般にハサミと呼んでいて、二本の染色体を一時的に切るというイメージです。

――編集技術に三段階あると言われましたが、第二段階に関してはどのような議論がおこなわれているのでしょうか。

江面　国内でもさまざまです。研究者の間でも、微生物、動物、植物など扱っているものによって、ずいぶん考え方が異なっています。たとえば微生物を扱っている方たちは、すでにいろいろなことを大胆に試しているので、ＧＭとしての扱いには消極的ですが、われわれ植物を扱っている者としては、そこまで経験がないので慎重です。原理的には、遺伝子の配列を差し替えるだけで部品そのものが変わるわけではないことから、ＧＭとは扱わなくてもいいのかもしれませんが、今の時点で性急に決める必要性はないのではないかと思います。
　現在、検討会で議論されているようですが、おそらく第二段階についての判断は先送りされるのではないでしょうか。

――トマトやジャガイモのもともとの品種は小さかったといいますが、品種改良はそうとう古い時代からおこなわれていたのでしょうか。

江面　トマトはペルーが原産ですが、一五世紀頃メキシコに持ち込まれて改良され、それが初めは観賞用としてヨーロッパに入り、一七、一八世紀頃から食用にされ始めたのだと思います。日本には江戸時代、やはり観賞用として入ってきました。明治になって洋食が入ってきたことから、ケチャップなどに使うためにカゴメが食用として栽培を始めました。したがってトマトは、日本ではこの一〇〇年間のうちに改良されてきました。

ジャガイモもペルーが原産で、現地で二倍体から四倍体と改良されてだんだん大きくなって、それがヨーロッパに入っていきました。そうしてジャガイモはヨーロッパで広く栽培されるようになりましたが、ジャガイモに病気が蔓延して食料不足になり、そのためにアメリカ大陸への移住が始まったと言われています。サツマイモも、もともとは根が太らないものでしたが、一五世紀頃、バクテリアの一部の遺伝子を遺伝子組み換えで導入して、今のようなサツマイモができたといわれています。そのように、人間は短い間に、自分の都合のいいように植物の改良をしてきました。

――食料安全保障の観点から、例えば、一企業に品種が独占されるような事態からどう防衛していけばいいでしょうか。

江面　特定の企業が独占しないようにすることが重要だと思います。遺伝子組み換え作物を食べて健康に影響があるという問題とは別に、種子の値段が高騰することを避けなければなりません。少なくとも開発に携わっている人たちは、種苗は皆が使えるようにするほうがいいと考えているはずです。技術がほんとうに役に立つものであればそうして使われていくべきですし、企業が独占してしまう技術は遠からず消えていくと思います。食料を安定供給することは国の責任ですから、国内の食料が特定の企業の意のままになるような事態を防止するさまざま措置をとっていると思います。一方的に入ってくる技術をチェックする仕組みは当然必要ですし、農水省や厚生労働省など省庁が連携をしていくようになるでしょう。そのためにも、ある程度の技術開発力を持っていないとなりません。

――ゲノム編集をおこなうとき、目的の遺伝子の位置にどのようにして正確にハサミを誘導できるのですか。変異させたものを戻すときにも位置が正確でなければ問題が出てくると思いますが。

江面　遺伝子というのは全部がつながっているわけではないので、空いたスペースに入れます。遺伝子を入れるとランダムに入っていきますが、スペースに入っているものだけを使用しますので、どの位置に入っているのかは正確にわかります。遺伝子のなかには四種類の塩基が並んでいますが、その配列と相補的な遺伝子を一つつくって、それを細胞の中に入れると、入れる相補的な遺伝子の一定の位置にハサミを付けておくと、相手の遺伝子にくっついて、同じところにハサミが行きますので、そこで切ります。切って空いた空隙に、別の遺伝子の断片で似た配列をつくっておき、そこに入れたい遺伝子をつけておくと、そこにその遺伝子が入っていきます。イネやトマトなどゲノムが解読されている作物では、そうした方法がとれます。双方の遺伝子はＲＮＡですので、使い終わるとなくなってしまいます。

――ゲノム編集技術で生産された作物は、人の健康に影響はあるのでしょうか。

江面　ゲノム編集で入れた性質に関しては、食品の安全性を評価する仕組みに基づいて分析をしていくことになると思います。そうして評価されたものに関して、人に影響はないと判断して初めて品種として認められます。突然変異による育種でつくった従来のものと変わらないのであれば、そうした評価が改めてされる必要はありません。たとえばミルキークイーンというイネの品種は、そうした評価はされていませんので、同様なことが言えるのではないでしょうか。

――お話を聞いていると、出来上がるのは未知の作物というイメージが拭い切れません。

江面　とくに第三段階のものは遺伝子組み換えと同じですから、従来のＧＭ作物と同じように評価するしかありません。たとえばたんぱく質にアレルギー性がないかどうか、分解されるかといった評価が必要になります。もともと持っていない遺伝子を組み込むので、既定の安全性評価にしたがって分析をおこない、必要な場合は動物実験も必要になるでしょう。

――第一段階によるゲノム編集技術でつくられたものの安全性についての議論はないのでしょうか。

江面　第一段階でも一回は遺伝子を入れるので、それがほんとうに抜けたかどうかの確認は、認められた方法できちんとおこなわれています。サザンブロッティングやＰＣＲなど、その方法にはさまざまあります。遺伝子を切ることについては、似た他の部分が切れていないかという解析がおこなわれています。ゲノム編集技術でつくったもののゲノムを全部読むこともしていますが、種を採って次の世代になるだけで多くの遺伝子が変異しますので、いちいち変異の状況を確認するのは大変です。ゲノムというのは固定しているわけではなく、一定の範囲で動的に安定しているものです。したがって生物は、環境の少しぐらいの違いでも生き残っているのです。

――第二段階で使われる遺伝子は、どのような役割をするのですか。

江面　もともとの遺伝子が壊れていて何かの病気になっていたものを治すには、壊れていた配列を直して、もう一度入れる場合がこの段階に該当すると思います。植物の場合には、ハサミが狙ったところに入れるのが完全ではないので、狙った遺伝子を合成してそこだけを差し替えるということが考えられますが、実際にはその段階までは至っていません。

――アメリカとヨーロッパのゲノム編集技術による作物への対応の違いはどのような背景からきているのでしょうか。ルールづくりに関しては日本の姿勢はどうでしょうか。

江面　その背景は想像するしかありませんが、ヨーロッパは遺伝子組み換えについてはかなり慎重な姿勢をとってきていました。その背景が、科学的なものなのか政治的なものなのかはよくわかりません。日本の場合、その利用にあたっては、ゲノム編集技術イコール品種改良というわけでもないので、使えるところから納得をして使ってもらうという方向がいいのではないでしょうか。アジアの国々は、日本の対応を注視していますが、日本では消費者の反応を見ながら、徐々に判断していったほうがいいのではないか。たとえばイスラエルは、昨年三月には、ゲノム編集技術は従来の変異技術と同等だと宣言しています。日本はそこまで性急にする必要はないと思います。

人口が増えて食料が足りなくなる、という総論に反対する人はいませんが、自分の食べるものには慎重になるのが人間です。ヨーロッパで食に慎重なのは、食料に困っていないからではないでしょうか。国ごとに見ると濃淡はありますが、ヨーロッパ全体では食料自給率一〇〇%以上です。災害時は別にして、日本も今のところ食料に関しては、日常的にはそれほど切迫感はありません。そういう意味では、ゲノム編集技術の利用にルールを設けてすぐにでも積極的に使っていくということにはならないのではないでしょうか。先端技術とはそういうものかもしれません。

——ゲノム編集技術に関する最近の報道については、どうお感じになっていますか。

江面　一つは、遺伝子組み換え作物に関しての誤解があるようです。国内での流通は必ずしも規制されているわけではなくて、飼料や食料油の原料、還元糖などとして、実際にはかなり流通しています。また、遺伝子組み換えとの混乱があって、ゲノム編集でつくられた作物にも新しい遺伝子が入っているような論調も見られます。そういう意味では、われわれ伝える側ももっと頑張らなければと思っています。

（二〇一八・八・二〇）

種子が危ない！　固定種・在来種を守るには

野口種苗研究所 代表　野口　勲

初代の祖父が亡くなって、父が種屋を継いだのが昭和二四年（一九四九）頃、私はまだ小学校へ上がる前でした。その時代は、固定種の種を「一粒万倍」と言って売っていました。報恩経というお経に、良いことをすると、種がお米の種籾のように一万倍になって還って来る、という教えがあると言います。多収米でも一粒で七〇〇〇～八〇〇〇粒くらいだそうですが、一粒の健康な種があれば一年後には一万粒になり、それを蒔けば一億粒に、そうして一兆一京と無限の可能性、無限の命を秘めていたのが昔の種だったのです。

それが今は、毎年種を買わなくてはいけない、交配種といわれる種の時代になったのです。

私の店では、在来種・固定種と言われる、昔から採り続けられてきた種だけを扱っています。サカタさんやタキイさんといった大きな種屋の話を聞く機会は多いとは思いますが、こんな小さな種屋の話もたまには聞いていただきたいと思います。

うちは固定種専門の種屋としてネット販売をしていますが、たまに取材の方が来られて「固定種って何ですか」と聞かれると、昔からつくり続けられてできた種で、「できた作物から種を採ると同じ作物ができる種です」と説明します。そうすると、「当たり前じゃないか」と言われることが多かったんです。それが当たり前でなくなったのが、F_1というものができてからです。

F_1はfirst filial generationと言い、いわゆるハイブリッドです。ハイブリッドの語源はラテン語のイノブタで、要するに交雑種のことです。正確には一代雑種ですが、種苗業界では交配種と呼んでいます。F_1の利点の第一は揃いが良いということです。メンデルの法則では、雑種の一代目は両親の遺伝子の優性形質だけが出て、劣性形質は隠れてしまいます。優性だけが出てきますので、種屋はよくF_1について、両親の優れたところだけが出ると宣伝します。

しかし、「優性」とは決して優れているという意味ではなくて、「優先的に」子供に現れる形質という意味です。そこで日本遺伝学会では、「優性・劣性」ではなく「顕性・潜性」という言葉を使うことにしました。例えば、縞のあるスイカと縞のないスイカを掛け合わせると縞のあるスイカだけが現れるという現象が出てきます。したがってF_1の時代になると、日本中が縞のあるスイカだらけになってしまったわけです。

雑種のもう一つの特徴は雑種強勢Heterosisです。これは、メンデル以前、ダーウィンの時代から知られてきていたことで、雑種になると生育が早くなったり、生育量が増えることが知られていました。例えば、「うち」で売っている昔のホウレンソウは、九月に種を蒔いて一二月に収穫するというように四か月くらいかけて栽培していますが、F_1では夏場のハウスでは一か月で育つようなものが出ていて、農家にとっても効率が良いとされています。同時に、揃いが良いこともあって、流通業者にとっても効率がいいということになります。雑種一代目だけがそうした性質が現れるので、その種を採っても、潜性の形質が出現してくるので、ばらばらなものができてしまい、かえって効率は悪く、結局、毎年種を買わなければなりません。

固定種の利点。味の在来種専門でいこう

一方、固定種の第一の利点は、おいしいから栽培し続けられてきたので、本来の野菜の味を持っているということです。私が固定種専門の種屋を続けようとしたきっかけは、原種コンクールでした。日本中の種屋が、戦争中に散逸してしまっていた原種を集めて、同じ畑で同じ栽培方法でつくって、本来の形質を表彰する取り組みです。そうして、優秀な種が普及されていくことを目指していましたが、昭和四〇年代（一九六五）にF_1が増えてきて、日本中がF_1になってしまいました。

「うち」では、みやま小かぶという在来種をずっと採ってきましたが、年間二〇〇〇リットルくらいの

種を採っても、日本中の種屋に売れていました。サカタさんやタキイさんからは一〇〇リットル単位で注文がきていました。F_1の時代になると、そういうわけにはいきません。「うち」で、みやま小かぶをコンクールに最後に出品したときには、もうF_1品種には揃いでかないませんでした。固定種で母本選抜をきちんとしていますので形は揃ってはいるものの、大きさはまちまちになってしまいます。プロの農家にとっては、早く畑を回転したいので、早く、一斉に育つものが欲しい。これではとても太刀打ちできないと感じました。

そこでこんなことがありました。コンクールで審査しているときは、どの種がどこに蒔かれているかは隠されているのですが、審査が終わるとそれは公表されます。そうすると、会場にいる種の専門家たちは、いい成績をおさめたF_1のカブには一切手を触れずに、うちのカブを抜いて持ち帰っていきます。おいしいのがわかっているから、皆持ち帰っていくのだそうです。彼らは「F_1のカブなんてまずくて食えたものじゃないからな」と言いました。

このように、食べるものの価値が、味ではなく見栄えで判断されるようになってしまったのです。当時、私はまだ二〇歳代でしたが、種屋を継いだら、F_1はやめて固定種・在来種専門でいこうと思いました。

カブやダイコンなどアブラナ科野菜の原産地は地中海沿岸の砂漠地帯で、そこで生まれた植物は雨の少ない冬の間に枯れてしまうと、春になって花を咲かせて子孫を残すことができないので、根部に養分を蓄えます。地中海にローマ帝国ができると、キリスト教のカトリックが全ヨーロッパに普及し、土の中は悪魔の世界ととらえられていたため、そこに育つダイコンなどは奴隷や家畜が食べるものとして蔑まれていました。そのようなカブやダイコンは中国を経て、奈良時代頃に日本に入ってきます。カブやダイコンなど日本の伝統野菜といわれるものは、多くが秋蒔きの作物ですが、それを干して漬物にしておきます。春蒔きの作物である麦以外の穀物が飢饉で十分に穫れなかったとき、そうした漬物が飢えを救うということから、推古朝の時代から国中に御触れを出して、カブやダイコン栽培が推奨されています。そうして、日本でカブやダイコンが広くつくられるようになりました。

植物は種を付けるために生きている

F_1で雑種強勢がより有効なのは、出自がかけ離れたもの同士を掛け合わせた場合です。大阪の天王寺カブと東京の金町小カブを掛け合わせても、それほど雑種強勢は働かないので、日本のカブのF_1をつくるときには、片親にはだいたい「うち」の小カブが選ばれました。タキイさんから毎年一〇〇リットル以上の注文がきていたのが二〇ミリリットルに減ると、これはF_1の親にするためだなとわかったものです。そのように固定種が売れない時代になったわけです。片親はうちのカブですが、もう片方の親に選ばれたのはヨーロッパの家畜用のカブでした。固定種の小カブだと、収穫が遅れるとスジばって食べられなくなります。しかしF_1のカブは成長を続けます。市場の値段が安いときは少し収穫を遅くして中カブにしてから出荷する、あるいは大カブまで育てれば、いつでもある程度の収入になります。

　しかし、F_1は家畜用のカブを掛け合わせたものですから、形は良いのですが、皮が厚くて人間の歯ではかみ切れないほどです。日本料理の大家が言うには、カブ料理のコツの第一は、皮をできるだけ厚く剥くことだと言っているほどになってしまったのです。

　そのように、本来の味は、人間の食べるものとしては固定種のほうがふさわしいと思っています。また、自家採種ができることも、固定種の良いところです。植物は根が張っているので歩けませんから、土地に張った根や表皮の細胞がその風土を判断します。そうして、その土地で育ったものはその土地で花を咲かせて、その土地で種を結び、人間や動物がその種を運ばない限りその種はその土地に落ちて、またその土地で育ちます。

　従って、その土地で育ったものから種を採ると、どんどんその土地に定着していきます。そうした馴化の良い例として、一八〇〇年代に中央ヨーロッパで育った小麦をノルウェーのオスロで蒔いたときの研究があります。それによると、二年目から中央ヨーロッパより早く花が咲きはじめ、穂が出て、十日早く収穫できるようになりました。その種を再びオスロで蒔いたら、三年目には中央ヨーロッパの時より一か月早く収穫できるようになったと言います。

要するに寒い所では、早く実を付けないと子孫を残せないので、少しでも子孫を残そうと早く実を付けるわけです。植物は食べられるために生きているわけではなくて、種を付けるために生きているのですから、その土地で育った植物は、その土地で育つような子供をちゃんとつくってくれます。だから、その土地で種を採ると、その土地の野菜にどんどん変わっていくのです。

日本中にいろいろなカブがあって、その土地の伝統料理に合ったものとしてつくられてきたのです。ところが今は、ダイコンはみんな青首ダイコンになってしまいましたし、それも毎年、海外採種によって採れた種を輸入するようになっています。

F_1の宣伝にはよく耐病性がうたわれますが、その耐病性は固定種から持ってくる形質です。日本のタマネギがF_1になったのは、戦後、アメリカから優性不稔のタマネギが入ってきてからです。それに札幌黄という在来種のタマネギを掛け合わせたものが、最初はひじょうに収量が多く、形も良くて喜ばれました。しかし、慣行農法で、つまり殺菌剤をたくさんかけてつくっているものですから、そのうち、その土地の病原菌がその殺菌剤に対して抵抗性を持ってきます。したがって六〜七年つくっていると、強くなった病原菌のために、同じF_1はつくれなくなってしまいます。

そこで、もっと病気に強い品種をつくるために、まだ北海道内に残っていた札幌黄の種を蒔いてみると、強くなった病原菌にも耐えるものが見つかりました。病気が強くなると、その病気に耐性をもつ固定種も生まれてくるのです。それを掛け合わせて新しい耐病性F_1品種がつくられました。

また六～七年経てば同じように強い病原菌が出てきますので、また強い固定種を探して掛け合わせ、新しいF_1をつくっていくことになります。まさに鼬ごっこです。ただ、耐病性をつければつけるほど、野菜は不味くなります。こうして、日本中の野菜がまずくなってきたのが、今の時代です。

各地で特産野菜のF_1がつくられる

F_1雑種づくりのポイントは、除雄です。植物のなかには自家受粉性の植物と他家受粉性の植物があり、自分の花粉で種を付けるものが前者です。その代表はナス科、イネ科、キク科の作物です。そのように自分で種を付けてしまう植物では雑種はつくりにくいのです。雑種をつくるには自分の花粉が邪魔になるので、トマトなどは小さいつぼみのときにピンセットで雄蕊を一本残らず抜いてしまいます。これが除雄という作業です。そうしてから、遠く離れた別系統の花粉を集めて人間の指でつけてやります。雄蕊を抜いたり、他の花から花粉を持ってきてつけてやるのに手間がかかるのですが、手間をかけてそれをやれば、できたトマトのなかにF_1の種が五〇〇粒くらい採れます。固定種のトマトの種は一〇〇粒で三〇〇円程度で売っていますが、そうしたF_1の種を一粒二〇円程度で売っても十分もとはとれるわけです。

世界で最初のF_1野菜は、埼玉県の農業試験場で柿崎博士がナスでつくりました。当時、東京市場で人気のあった埼玉の在来種である真黒茄子と新潟の巾着茄子を掛け合わせて、埼交茄子をつくり出しました。この成功が注目され、各地で特産野菜のF_1がつくられるようになっていきます。大阪ではキュウリが、奈良ではスイカのF_1がつくられます。スイカはウリ科ですから、雄花と雌花がありますが、雄花を取り除いて、別系統の雄花を交配します。旭大和という非常においしいスイカは今でもF_1の母親として使われるものですが、このスイカには縞がありません。この縞がないスイカに、収量は非常に高いのですがあまりおいしくはないアメリカの縞のあるスイカの花粉をつけてやります。小玉スイカに大玉スイカの花粉をつけても、小玉スイカしかできませんし、大玉スイカに小玉スイカの花粉をつけても大玉スイカしかできません。

要するに、母親の性質がそのまま果実に現れるわけで、縞のないスイカに縞のあるスイカの花粉をつけても、できるスイカは縞のないスイカです。でも、できた縞のないスイカの種を採って蒔くと、生まれてくるのはすべて縞のあるスイカです。この場合、縞のある表皮のほうが顕性なので、日本中のスイカがF_1になって、縞のあるスイカだけになったわけです。このようにF_1の普及で野菜の形状まで変わってしまいました。

日本には独特のF_1の作り方が生まれます。欧米では菜の花のことをrape flowersと言っています。欧米では食べ物ではなく雑草なのでひどい名前をつけたものです。小麦畑の雑草でしかなかったのが菜の花でした。日本の秋野菜にはアブラナ科が多いので、このF_1の作り方が必要になりました。そうして発見されたのが、自家不和合性の利用です。アブラナ科野菜はナス科やイネ科と異なり、他家受粉の最たるもので、自分の花粉をとても嫌がり、自分の花粉では種をつけないようにしてしまいます。この性質は成熟して開花した菜の花に起こり、幼いつぼみのときには自分の花粉を判断する力はありません。

従って、最初に開花した花の花粉をまだ幼いつぼみを開いて、そこに付けやると、雄蕊の花粉も雌蕊の胚も同じ遺伝子のクローンの種をつくってしまいます。菜の花というのは、数百の花が咲きますが、そのつぼみを一つひとつ開いて自分の花粉をつけてやります。そうしてできた種を蒔いて咲いた菜の花は、同じところに植えたカブはみんな同じ遺伝子を持っているので絶対に種をつけません。しかし、同じところに植えたほかのアブラナ科の花粉では種を付けます。こうしてカブとほかのアブラナ科の植物のF_1の種が採れるようになったわけです。

日本はアブラナ科野菜のF_1のメッカになる

この技術によって、日本はアブラナ科野菜のF_1のメッカになりました。欧米ではあまりアブラナ科の野菜はありませんが、キャベツの仲間だけは別で、日本はキャベツのF_1をつくってアメリカに盛んに輸出するようになります。アメリカではとくにブロッコリーが人気なので、日本から入ってきたF_1の種が市場を席巻することになりました。アメリカにもキャベツやブロッコリーの固定種を採っていた種屋もあり、その存続が危ぶまれていましたが、そのとき、ブロッコリー・スプラウトの機能性が注目を集め、一気にブムが起こりました。

うちはカブを専門に種屋をやっていて、F_1の時代になったことがわかったので、父は私を大手の種苗会社での研修に送り込みました。一粒から数千粒に増やすまでは種屋の技術者がやりますが、数千粒では販売するには足りませんので、種をもっと採らなければなりません。数千粒をハウスの中に蒔いて、同じ遺伝子だから同じように成長して同じようにつぼみができて咲いた花に、パートの人たちが朝から晩まで小さなつぼみを開けて花粉をつけていく作業をしていました。これを延々と続けているのです。

そうして片親をつくっていって、もう片方の親と畑で掛け合わせるのです。その作業を目の当たりにして、小さな種屋が良い個体を選んで種をつくって売っていく時代は終わったと思いました。大手種苗会社が人件費をかけて、一粒を無限に増殖する。大きな投資をして、片親ずつ産み出さなければやっていけない時代だと、父にF_1はもうあきらめた方がいいと言いました。

そうした人間によるつぼみ受粉という作業も三〇年前までの話で、今ではそんな作業はしていないそうです。つぼみが開き出したら、ハウスの中に二酸化炭素を注入します。通常の大気中の二酸化炭素の一〇〇倍くらいに濃くなると、菜の花の生理が狂って自家受粉でも種を付けるようになります。そこで、ミツバチを放ちます。ミツバチは体液にヘモグロビンを含まないので、酸欠を起こさずに花の蜜を集めることができ、ついでに花粉をつけてくれます。二酸化炭素とミツバチによって、人件費をかけずに膨大な数の種を得るわけです。

以上のように、「うち」では、固定種について説明するときには、今皆さんが普通に栽培されているF$_1$がどういうものかと説明することにしています。そうしないと、固定種がいかに自然なものかがわかりません。あるとき、東京炭酸ガス株式会社というところから電話がありました。そこで聞かされたのが次のようなことでした。ここ十数年種苗会社から多くの炭酸ガスの注文があるのですが、納入するたびに何に使われるのか聞くのですが、どこも教えてくれなかったそうです。野口さんのブログでそれが初めてわかったということでした。そのとき聞いたところでは、多い会社では年間四〇トンもの液化炭酸ガスを使っているということでした。三月半ばから四月いっぱい、菜の花が咲いている間だけの短い期間にそれだけの量が使われているのです。

F$_1$技術の歴史。それは除雄からはじまる

生物で最初にF$_1$をつくったのは日本で、一九一四年（大正三年）に蚕でおこなわれました。日本と中国の蚕を交尾させて一代雑種をつくり、「日支何号」と名付けました。この蚕は非常によく卵を産んで、収量も上がったので、中国との絹の輸出競争に勝って、日本は世界の絹市場を席巻することになりました。次に、先ほどの埼玉農業試験場のナスから始まり、人工的に雄を取り除いてかけ合わせをつくる時代になりました。

その後、アメリカで雄性不稔という突然変異が見つかり、それを利用してF_1をつくる時代になっていきます。従来、日本独特の技術でつくられてきたキャベツなども、今では雄性不稔を使ってつくられるようになりました。今ではF_1は海外採種が当たり前になっていて、海外の種苗会社に採種を委託する時代になってきたからです。海外の種苗会社は、日本独自の方法である自家不和合性の利用の技術はありませんから、アメリカで使われている雄性不稔による方法でしか採種は受け入れてもらえません。従って、すべては雄性不稔の利用に変わっていきました。

雄性不稔とはmale sterilityで、直訳すると「不毛な男」という意味で、子孫をつくる能力がないということです。植物では雄性不稔と言いますが、動物では男性に原因のある不妊症、要するに無精子症です。人間でも数万人に一人くらいは無精子症の男性が産まれるそうですが、植物でもたまに雄蕊のないもの、あるいは雄蕊があっても葯や花粉がない個体があります。そもそもF_1というのは、除雄をおこなうことから始まりますので、最初から雄蕊がない植物が見つかると、F_1をつくるのに非常に都合がいい。それを母親にして他の品種の花粉をつけて、F_1をつくります。最初に雄性不稔が見つかったのはタマネギで、次にトウモロコシ、ニンジンなどで見つかり、どんどん雄性不稔が発見されて、今ではダイコンやハクサイまで雄性不稔のF_1に変わってきました。

かつてうちの隣町にいたニンジン農家が栽培していたのは、当時、日本で最も栽培されていた向陽二号というF_1品種でした。あるとき、美味しいと噂のあったうちの在来種のニンジンをつくってみたいと少し買っていきました。出来具合を聞いたら、在来種のニンジンは野ネズミが食べるので困ると言います。F_1品種を同じ畑でつくっても、野ネズミは絶対食べないから助かると言っていました。

雄蕊を持たないクローンのマイクロ・タマネギ

雄性不稔が最初に見つかったのは赤タマネギで、カリフォルニアの農業試験場で、一九二五年、ジョーンズという育種技師が発見しました。通常、健康なタマネギのネギ坊主には三〇〇〜一〇〇〇程度の小さな花がついていますが、それには一〇くらいの小さな花しかついていませんでした。その小さな花には、雄蕊がない代わりに、小さな小さなタマネギがついていました。花粉がないために子孫がつくれないので、この個体は種をつくるのではなくて、クローンのマイクロ・タマネギをつけていたのです。日本の伝統野菜の一種であるやぐらネギも雄蕊を持たず、同じように小さなネギをつけて、成熟するとそれが落ちて、地面に根付いて増えていきますが、同じようなものがタマネギでも見つかったわけです。

そのマイクロ・タマネギを育ててみると、ちゃんとしたタマネギになって、そのクローンの子孫も同じような雄蕊のない個体に育ちました。雌蕊しかないそれに他の雄蕊のある健康なタマネギの花粉を付けていって、何年もいろいろな品種で試したところ、雄蕊がない雄性不稔の性質は母親からすべての子に伝わるということがわかりました。やがて、これはミトコンドリアの異常によるものだと判明します。そうした形質を戻し交配によって、他のタマネギに取り込んでいきます。

赤タマネギは甘くて柔らかいのですが、水分が多いためあまり貯蔵ができないので、六月に収穫して一か月くらいしか販売できません。そこで、固く締まっているため貯蔵性のよい黄タマネギに赤タマネギの性質を取り込みました。雄性不稔の赤タマネギに黄タマネギの花粉をつけると、生まれた子供の細胞核の遺伝子は赤と黄とが五〇％ずつになります。これは、母親譲りの雄蕊のないタマネギです。これを育ててまた黄タマネギの花粉をつけると、赤二五％・黄七五％の孫が生まれ、これも祖母譲りの雄蕊のないタマネギです。こういう戻し交配を繰り返して、数世代後に雄蕊のない母親役の黄タマネギが完成し、F_1の種が採られて販売されていくわけです。

ミツヒカリというイネの品種は、雄性不稔を使ったF_1です。イネの研究でわかってきたことですが、ミトコンドリア遺伝子は小さな遺伝子ですが、その中の一つの遺伝子が傷つくと、ミトコンドリアの膜構造にたんぱく質の一種が蓄積してしまいます。ミトコンドリアは、生物の細胞内で生命エネルギーを生み出す、いわば発電機にたとえられますが、このたんぱく質が蓄積すると、その機能が阻害されます。そうしたミトコンドリア遺伝子の異常は、すべての子に受け継がれていきます。

今栽培されている青首ダイコンは、雄性不稔のものですので食べ残した葉の根元を畑に植えると、雄蕊のない花が咲くはずです。そのように、子孫がつくれない作物を世界中の人間が食べるようになっているのです。もっとも、日本の種屋にとっては、雄性不稔を使うことで、種を盗まれてもそれから種は採れないので心配せずにすみます。ただし、外国から毎年買わなければなりません。

いま日本は雄蕊のない野菜を食べている

キャベツやハクサイでは、雄性不稔株が見つかっていませんので、ダイコンの雄性不稔を取り込むことをします。まず、雄蕊のないダイコンをハウス内に蒔きます。別に、自家不和合性で使っていたときの父親と母親のキャベツを育てます。これらは自分の花粉では種をつけませんが、雄蕊も雌蕊もあります。そうしたキャベツやハクサイの母親役を雄性不稔のダイコンと同じハウスに蒔きます。つぼみが付いたら炭酸ガスを放出しミツバチの巣箱を置きます。成熟したダイコンは子孫がつくりたいのですが雄蕊がないので、ミツバチがつけてくれるキャベツや白菜の花粉で雑種の子供をつくります。ダイコンとハクサイはゲノムが異なるので、自然界では交配することがありませんが、大気の一〇〇倍の濃度の炭酸ガスによって生理が狂わされ、受精してしまいます。こうして、ダイコンとハクサイの形質を半分ずつ持つ子ができます。同様にして、数世代繰り返していくと、雄蕊のないキャベツが完成します。ハウス内にこの種を蒔いて、自家不和合性でつくったときの父親役を一緒に蒔いてやります。そうして、かつて日本の専売特許であった自家不和合性によるF_1は、どんどん雄性不稔のものに取って代わられていきます。今、日本で食べられているアブラナ科野菜は、ほとんどが雄蕊のない植物です。

種苗会社のカタログには、次のような宣伝文句が並びます。「従来品種を生育が揃うように改良した新品種。一斉に収穫して、効率よく畑を使いたい農家の方にお勧めです」。より揃いが良くて、一斉収穫できて、効率よく畑を使いたくない農家はおりませんから、すべてこうした品種に変わってしまいそうです。しかし、いまだに従来品種とこうした雄性不稔による改良F_1品種とが並べてカタログに掲載されています。あるとき、種苗会社の人に聞いたところ、雄性不稔にすると種が小さくなってしまうのだと言います。そもそも菜種は直径二ミリ以下の小さなものですが、雄性不稔にするとより小さくなってしまいます。そうすると農家の人は、これでも大きなキャベツやハクサイに育つのか不安に感じて、「昔通りの種をよこせ」という声が絶えないのだそうです。

雄性不稔を使う技術はアメリカで生まれたものですが、二〇一四年に、アメリカの有機農家が、初めて自分のホームページで雄性不稔について言及していました。日本では、戻し交配によって何回も掛け合わせをおこない、何年もかけて雄性不稔を取り込んできましたが、現在のアメリカでは細胞融合を利用しています。薬剤を使って二種類の植物の細胞壁を溶かします。雄性不稔のラディッシュの裸の細胞から核を取り除いて、ブロッコリーの核をラディッシュの細胞の中に入れます。こうして、核の遺伝子はブロッコリーですが、まわりにあるミトコンドリアは異常なラディッシュのものということになります。これを培養してクローンを増やしていけばいいわけです。

この事実をホームページに掲載した有機農家は、やがてアメリカもＥＵのように、国が認めた種しか買えなくなるのではないかと危惧しています。ＥＵでは、域内での関税を撤廃し公平な流通を前提にしているため、農作物の規格を揃えなければなりません。したがって種苗会社は、国に認められた種しか売ることができなくなりました。アメリカでも同じような規制がおこなわれると、大企業が種の流通を独占するのではないかと危惧されています。そこでこの有機農家は、まだ流通している種を集めて、個人で保存しています。現在、彼は集めた種をもう一度蒔いて、雄蕊のないものはすべて除き、雄蕊のある、種が採れる種だけを集めているのです。

子孫を残せない植物を食べるということ

現代の品種改良における一番のポイントは、雄性不稔の個体を見つけることです。たった一つの個体が見つかれば、すべての子孫に波及することができます。すでに、種のカタログに、「雄性不稔を利用した」新品種とその優位が謳われる時代になったのです。たとえば日本の砂糖の二割は、サトウキビからつくられ、八割はテンサイからつくられます。北海道のテンサイはすべて雄性不稔のたった一つの個体がもとになっています。テンサイは小型の両性花をつけるので、いちいちピンセットを使って母株の雄蕊を取り除いて自家受粉を防いだうえで、交配をおこなう必要がありましたが、現在、世界的に普及しているF_1品種はすべて、細胞質雄性不稔株を母株にしてつくられたものです。実用に供された細胞質雄性不稔は、世界中のどれもがアメリカの育種家オーウェンが五〇年以上前に、ある在来種の中から発見した、たった一株の変異株に由来しているのです。子孫がつくれないたった一株が見つかったテンサイが、世界中の人間の砂糖の原料になっているという時代になっているのです。先ほどのミツヒカリも同様です。

世界中の人間が、そうした子孫を残せない植物ばかりを食べる時代になっています。

ミトコンドリアが異常になった植物を食べて、動物のミトコンドリアが異常になることはないのでしょうか。時事通信は二〇〇七年（平成一九年）、アメリカで起こったミツバチの異常を報道しました。日本では、ミツバチの事件は、農薬ネオニコチノイドに起因するということで決着させました。ＮＨＫの番組をみると、巣箱の周りにハチの死骸が山のようにある様子が映されていました。

しかし、アメリカで起こったのは、前日まで巣箱に大量にいた蜜蜂が、女王蜂と数匹の蜂を残して忽然と消えてしまい、死骸もなかったという事件でした。死骸がなかったことから、この現象は最初「イナイイナイ病」と呼ばれました。養蜂家の間では、一九六〇年代にも発生したことがあるといわれている現象でした。

アメリカの養蜂家であり生物学者のオリバー氏は次のように言っています。「一九六〇年代には、カビによる病気あるいはダニなどによる病気だという説があった。この蜂群崩壊症候群と似た現象は、約二〇年ごとに繰り返し起きている」と。ネオニコチノイドという農薬は一九九〇年代に住友化学が発明した農薬ですので、一九六〇年代の減少に影響を与えるはずはありません。日本のミツバチ研究者は、日本ではアメリカのようなミツバチの大量失踪事件は起きていないと言っています。アメリカでは二〇〇六年・二〇〇七年と二年連続で大量失踪事件が発生し、それぞれ全米の二四〇万箱の巣箱の三割、八〇万箱からミツバチが消えました。このとき何が起こっていたのでしょうか。

ミツバチの巣箱の中の働き蜂のほとんどは雌です。わずかにいる雄は、冬が近づくとすべて雌に巣箱から追い出されて、野外で死にます。冬の間の巣箱は、女王蜂と働き蜂という雌だけのコロニーとなり、春から夏に貯めた蜜を食べて暮らしています。春になって花が咲き始めると、働き蜂の斥候が外に出て蜜を集め、ロイヤルゼリーに加工して女王蜂に与えます。そうして二年目の女王蜂が産むのが、次の世代の女王蜂と雄蜂になりますが、産んだ卵が有精卵だと雌になり、無精卵が雄になります。有精卵の子が母親からだけ引き継ぐのはミトコンドリア遺伝子だけですが、核の遺伝子も女王蜂の遺伝子だけをを受け継いた場合に、雄になるのです。

したがって二〇年に一度発生する現象だということは、一〇世代目の女王蜂が生んだ雄が無精子症になったのではないか。無精子症の子供が生まれると、そのコロニーに未来はありません。未来がない巣箱に愛想をつかして、数万の働き蜂が虚空に飛び去ってしまったというのが、この現象ではないか。これが私の仮説です。

（のぐち　いさお）

〈質　疑〉

——在来種・固定種の現状はどうなっているのでしょうか。

野口　今、どんどん種が消えています。日本の固定種は、ダイコン、ハクサイ、カブなどアブラナ科の秋野菜が中心です。固定種の種を採ろうとすると、虫が花粉を運んでくるような二キロメートル以内の畑では同じアブラナ科の種は採れません。従って、そういう種は日本中の種屋から集めてくることになります。そうした種が毎年消えていっています。去年と同じようにFAXで注文してもなかなか来ないから連絡してみると、採種農家がやめちゃったのでもうありません、ということもあります。儲からないから、もう全部F_1にしたという種屋もいます。消えてしまう前に、家庭菜園でもいいから、種採りをして、何とか種の命をつないでほしいと思います。

やがて、世界中が雄性不稔のF_1や遺伝子組み換えの種ばかりになったとき、例えば、そんなものばかり食べているから子供が産まれなくなってきたのだと証明されたとき、昔の種がどこかに残っていれば、それが人類を救うかもしれません。とにかく、自家採種する人を一人でも多く増やしたい。ですから、うちから種を買ったら、同じ種はもう買わないで、そこの畑にあった野菜に育ててほしいと思います。

——生物多様性の観点からも、自家採種は続けていかなければならないと思っています。

しかし、種苗法が変わっていくなかで、どうしていけばいいのでしょうか。

野口　今回、種苗法が変わっても、自家採種について、これまでと変わるところはありません。種苗法の運用が変わるだけです。種苗法というのはもともと、種苗登録した品種の権利を守るもので、これまで農家が自家採種することについては見逃されてきたと言えます。しかし、世界の中での知的所有権の位置づけに呼応していこうというのが、今回の種苗法の改正です。種苗登録されたものの登録期間中の自家採種が違法なのは当たり前です。種苗登録された品種は新品種であり、その新品種をつくった人間の権利は認めなくてはなりません。

一方、うちで売っている固定種・在来種のほとんどは誰も権利を持っていない、昔からのものです。そうしたものは、今後も自由に自家採種できます。また、種苗法改正以前に問題になった種子法廃止ですが、種子法というのは行政法であって、都道府県の職員に命じる法律です。都道府県が米、麦、大豆について責任をもって種を採って普及しなさいというものです。戦後の食糧難の時代には、食管法とともに必要な法律でした。実は、種子法が廃止されて一番困るのは国からの補助金がなくなる都道府県の職員とその指示で種籾を採っているＪＡです。したがって新品種を開発した都道府県の職員にも、種苗法を厳密に運用してこれまでの補助金に代わる新品種開発の利益を得られるようにしようというのが、今回の制度改正だと思います。

――原爆イネのように、東日本大震災の原発事故による放射線の影響は、種にはどのように出てくるのですか。

野口　当時、お客さんから多くの問合せがありました。しかし、種の放射性物質濃度を調べるには、一キログラムもの種を潰して機械にかけなければわかりません。一キロというのは、うちが仕入れている一品種ごとでは何年分かの量です。個人ではとても調べられません。

――モンサント社はインドにおいて自社の種子を供給することで、まさに一国の食料供給を握ってしまいました。そうしたことに歯止めをかけるにはどうしたらいいのでしょうか。

野口　種は買うものだと考えていると、キャベツだと思っていたものがいつの間にか、ダイコンのミトコンドリアを食べていることになっている。そういう世の中のなっているのです。昭和三〇年以前に戻って、もう一度、自分で種を採るようにすれば、種代なんか一切かからない。自家採種する人を増やせばいいわけです。政治家にGMやF_1の危険性を理解させるのは難しいと思います。いかに世界経済を大きくしてたくさんのお金を稼ぐというのが今の国の方針ですから、お金がかからないという農業を勧めても国は動いてくれません。

ちなみに、モンサント社の種は、今、世界中で嫌われています。一〇〇〇ヘクタールあるいは二〇〇〇ヘクタール規模の遺伝子組み換えトウモロコシの採種畑が、一年で一挙に大麻に変わったという話を聞きます。要するに、儲かるのならば何でもつくるということのようです。遺伝子組み換えはもう消えつつあり、ゲノム編集がそれに代わると思います。

――　永久凍土で種子を保存することをおこなっているそうですが、どのような効果があるのですか。

野口　ノルウェーでおこなわれている取り組みです。種を零下一八度〜二〇度で保存すると、一〇〇〇年でも二〇〇〇年でも生き残るという研究報告があります。つくばのジーンバンクが研究して、学術誌に発表しました。ジーンバンクでは一九八〇年代から種子の保存を始めていますが、種苗会社や都道府県に原種として提供しています。もっとも、低温で保存していた種を一度に外に出すと、水分が膨張して種が死んでしまうので、少しずつ温度を上げて常温に戻します。ある種苗会社が在来種の種を十何種類提供してもらったのですが、芽が出たのは一つだけだったと言ってました。三〇年でほとんど死んでいたわけです。

本来、種は命を保存しているものですが、代謝を止められた命は低温でもそう長く生き続けられるものではないようです。最近は、まだ生きている種を種苗会社に提供して更新してもらうということをやっているようです。日本国内であれば、畑に種を蒔いて更新することができますが、ノルウェーのような氷河では無理でしょう。欧米ではあまり食べないダイコンだけでも五〇〇〜六〇〇種類の種を集めているそうです。しかし、一品種当たりの保存量はせいぜい五〇〇粒です。うちで売っている一袋三〇〇円と同じ粒数です。それくらいの種を保存していても、更新していくことはできないでしょう。壮大な無駄遣いに終わるのではないかと思っています。

―― 農家の多くはF_1品種をつくることに慣れてしまって、自家採種の方法を知らない農家も多いと思います。自家採種に関する人づくりについて、お考えはありますか。

野口 講演先で懇親会があったとき、採種の相談を受けることがあります。たくさん種が取れたので、買ってくれないかという話もよくあります。そこで、畑を見せてもらって、他のものと交雑しないようにきちんと管理されていれば、種を買い上げることがあります。うちでは、種採りのためのいろいろな指導書を売っていますので、そうしたもので勉強してもらいます。日本中で、少しずつですが、そういう人に育ってもらって、そういう人から種を買っています。そういう人からは、ほかの種屋から仕入れるときの五倍の値段で買わせてもらっています。ちゃんと種を採ってくれる人は経済的にも報われないといけないと思っています。そういう人たちを増やすことが、私の生きがいです。

東京でサミットがあったときに、フランス大統領が、日本の野菜を食べて感動し、ベルサイユ宮殿の菜園で日本の野菜をつくることになりました。京都ＪＡがその種をフランスに送ったようですが、その種はすべてF_1でした。今、流通している京野菜のほとんどはF_1です。伝統野菜ブームの裏では、そういうことが起きています。「桂瓜」の産地は桂離宮周辺の農村ですが、この土地でつくって売れば、どんな種だろうと伝統の京野菜になってしまう。その種が「F_1東京大白瓜」であることは、納入している東京の種屋しか知らないということになっています。菅原文太さんが山梨県で有機農業をしていて、彼のファンである仲買の人ができたものすべて取り扱っていました。あるとき、私の本を読んで固定種に変えたら、できるものの形が揃いません。昔の八百屋さんは対面で量り売りしていたから、少々形は不ぞろいでもよかったのですが、今ではそんな野菜の買い手はいません。結局、市場に出すものはF_1でつくり、せっかく自家採種して栽培した固定種は家の周りの畑で自家用につくることにしました。何年かかるか知りませんが、そういう話が少しずつ広がれば、八百屋やスーパーがわざわざ畑に出向いて、高くても売ってくれという時代が必ずくるでしょう。

――　野口さんのところでは、自家採種もやっているのですか。

野口　ほとんどの種は全国の種屋から仕入れています。うちで取引している種屋は十数社ありますが、それぞれの地域の種屋のリーダーです。その地方の種は、その地方の種屋から仕入れています。

（二〇一八・八・三一）

種苗政策をめぐる最近の情勢と課題

農林水産省食料産業局知的財産課種苗室 室長　藤田　裕一

このような機会をいただき、ありがたく思っております。初めて聞くような話もあるかもしれませんが、よろしくお願いいいたします。

種苗産業とひと口に言っても、日本の場合、種苗の種類によって流通の形態が違います。例えば、稲・麦・大豆のように、平成三〇年四月に廃止となった主要農作物種子法（種子法）の対象となっていた作物では、品種の開発は主に独法や都道府県でおこなわれています。開発された新品種その他の原原種や原種の増殖は都道府県でおこなわれ、その種を元にして採種農家で播種用のタネが採種され、農家に流通していく、そうした仕組みが構築されています。種子法が廃止されても、そうした形態で流通していきます。種子法の廃止の背景の一つに、品種開発に都道府県に加えて民間事業者にも品種開発を行っていただき稲・麦・大豆の種子産業に積極的に参入していただこうという趣旨です。

バレイショは、品種の改良は主に国の農研機構または都道府県の試験場で行われています。バレイショは特に病虫害が問題になり、原原種を厳格に管理する必要があることから、独立行政法人の種苗管理センターで原原種を栽培して配付し、北海道内等で原種を増殖をした上で、道内や都府県に種芋が配布されます。

民間の種苗会社は主に野菜や花卉の分野に強みをもっています。野菜や花卉の品種改良や苗の生産は主に種苗会社で行われています。採種は国内でも行われますが、国内の種苗会社が海外に保有する農場や子会社で行われる物もかなりあり、海外で採られた種を国内の種苗会社が日本国内で品質管理した上で一般に販売しています。

果樹の品種開発には非常に時間が掛かることもあって、民間企業の参入は難しいことから、主に独立行政法人や県の試験場において県のブランドとなる品種を開発して、県内の農家などへ国内の種苗会社を通じて種苗の流通が行われています。果樹では個人による開発も一定程度あります。

種苗産業の規模を推計すると、二〇〇〇～三〇〇〇億円規模と見られます。輸出入に関しては貿易統計から把握でき、輸入額が三四九億円、輸出額は一五四億円となっています。日本の種は海外に頼っているのではないかという不安をお持ちの方がいらっしゃるかもしれませんが、野菜の種は、国内の種苗会社が、海外で生産した種を輸入して販売しています。種そのものは外国で採種されますが、種子の生産と流通は日本の会社の管理のもとでおこなわれています。そうした野菜種子の輸出入は共に増加傾向にあります。

野菜や花卉の種子は、サカタのタネやタキイ種苗といった大手が五割くらいのシェアを占めています。その一割程度は国内で採種していますが、九割は海外の圃場で採種しています。なぜ海外で採種するかというと、気候条件が良いからです。できるだけ原産国に近い気候のもとで採種するほうが良い種が採れることから、海外で採種を行っています。こうした海外の圃場は、国内企業の小会社や委託関係にあるところがほとんどです。そのように外国で採種されたものは、基本的に日本国内に還ってきます。

世界の主要な種苗会社は統合を進めている

種というのは、品質管理が非常に重要ですし、コーティング等の加工もあります。良いものを販売していくためには、やはり日本国内で調整する必要があります。最近では、日本からの輸出が一〇〇億円を超えていますが、海外で採種された種を調整することで付加価値を生んでいるのです。海外の圃場から採種したものの多くは、我が国国内の農業者に提供されていますので、その意味では、外国に頼っているから危ないという状況ではありません。

稲・麦・大豆の流通は、基本的に原原種の生産から都道府県が行います。生産された種子は、都道府県で検査を行い、都道府県の種子協会とＪＡ等を通じて生産者に届けられます。種子法が廃止されてもその状況は変わっていません。参入したいと考える民間企業にはどんどん入ってきてもらいたいですが、都道府県がしっかり種子の安定供給にかかわることに変わりはありません。

野菜種子の日本からの輸出は増えていますが、国際的な種子市場は拡大してきています。推計によると、世界の種子全体では一兆円を超える規模と見られています。しかし、そのなかで日本の占める位置はまだまだ小さいものです。世界の貿易額のほとんどを占めるのは穀物ですが、日本の場合、穀物の種子を国際的に流通させるまでには至っていません。

世界の主要な種苗会社は統合を進めています。例えば、バイエルはモンサントを合併していますし、ダウとデュポンも統合を果たし、シンジェンタは中国の会社に買収されています。このように、世界では巨大な種子市場を背景に大手企業の統合が進んでいます。この背景として、遺伝子組み換えを中心とした研究開発に膨大なコストがかかり、それを回収するために市場のシェアを拡大する必要があると考えられます。良い種をつくっていくことが農家の経営発展にとって重要ではありますが、その一方で、大きな研究費をかけて巨大な種子市場が争奪されているという大きな世界的な流れがあるわけです。

野菜種子の世界の主要な会社を見ると、日本のサカタのタネやタキイ種苗がトップ10に入ってはいるものの、さらに日本も頑張っていかなければなりません。トップは旧モンサントですが、日本の強みは野菜で、しっかり五位・六位に食い込んでいます。とくにサカタのタネのブロッコリーは、世界の約六五％のシェアを持っており、タキイ種苗はインドネシアのキャベツで七〇％のシェアを占めています。そのように得意とする分野はあるものの、今後は巨大な種子市場にしっかり対応していく必要があります。

個人が頑張っている日本の品種開発の特徴

日本の種苗政策の根本を支えているのが種苗法です。種苗法には大きく二つの枠組みがあり、一つは品種登録制度で、新しい品種を開発した場合、品種開発者に一定の期間、権利を付与する制度です。新しい品種を開発するには、多大な労力と期間かかりますので、種苗を勝手に複製されてしまうと、次の開発に向けての活動ができなくなります。したがって一定の期間、権利を保護することにしたものです。もう一つは指定種苗制度です。これは、種子の流通を適正化させるため、表示等のルールを定め、種苗管理センターなどが店頭等でチェックをしています。品種の開発から採種までは品種登録制度が大きな役割を果たしており、流通・販売では指定種苗制度によって適切な流通を確保しています。

新しい品種を開発した者は、農林水産省に品種登録を出願します。農林水産省で審査をし、要件を満たした場合は登録をします。いったん登録されると、その新品種の開発者は二五年間（果樹等では三〇年間）独占的にその品種を利用する権利（育成者権）を得られます。実際には、育成者権者は品種の使用を希望する者に許諾を与えて、ロイヤリティを課すことが行われます。その権利の侵害があったときには、利用の差止めや損害賠償を請求できる根拠になるのが、この育成者権です。

近年は年間に一〇〇〇件くらいの出願があり、登録されるのは八〇〇件くらいです。平成二八年度末の有効な登録件数は八〇〇〇くらいになっています。六割が国内での開発ですが、最近少し減少してきていて、全体の四割は外国からの出願です。

現在育成者権が存続中の品種は八〇〇〇程度ありますが、作物別に見ると、草花類と観賞樹が圧倒的に多く、消費者の嗜好に合わせて開発され、世代交代も早いものです。開発者のうち半分は種苗会社ですが、四分の一が個人の育種家で、個人の育種家が多いことは日本の特徴だといえます。例えば果樹などを栽培していて、枝変わりがあると、それに気づいて取り出して品種を開発しようと、個人で取り組まれる方がかなり多く、そうしたことが数字に表れています。都道府県も多くの品種開発をしていますが、個人が頑張っているというのが我が国品種開発の特徴です。

一方、外国からの出願状況を見ると、全体として増えてきていて、とくにオランダやドイツなどからの花の登録が多くなってきています。日本から海外への出願は毎年二〇〇件程度ありますが、アメリカやイギリスなど経済的に重要な相手国に向けて行われています。

品種登録を行うには、五つの要件を満たしている必要があります。第一は区別性で、既にある品種と区別されるものでなければならず、最も根幹的な要件です。第二に均一性で、種を蒔いたら全て同じような色の花が咲くというような性質。第三は安定性で、何代も続けて栽培していても変わることがないことです。第四は未譲渡性で、品種登録して権利を得るためには新しい品種でなくてはいけないということです。昔からの在来種を新しい品種といって登録することはできません。新しい品種を開発した人に権利が与えられることが法律の根幹ですので、国内で市場流通してから一年以内に出願したものでなければ登録されません。国際条約によって、海外の品種については、外国で販売されて四年以内（果樹等の樹木は六年以内）とされています。

例えば、シャインマスカットを外国で品種登録しようとしても、既に十分な期間にわたって海外市場で売られていますので、海外では権利を得ることはできず、自由に生産することができ、それが課題とされています。第五が、名称の適切性で、たとえば名前が、商標と紛らわしいものでないこと等が必要です。

育成者権がブランド価値を向上させる

イネのコシヒカリは古い品種で誰かに権利はありませんが、そこに耐病性を強くした性質を付加したものが品種化され登録されています。栽培しやすい、病気に強いという性質は生産者にとって大きなメリットとなります。「にこまる」というイネは、高温に強く地球温暖化に対応した品種ですし、渋皮が剥きやすい栗「ぽろたん」という栗の新品種は、消費者や加工業者に評価されています。「あまおう」は福岡県が開発した有名なイチゴの新品種です。

ＵＰＯＶ条約（植物の新品種の保護に関する国際条約）のもとで新品種が育成されることで、これら新品種の権利がしっかり保護されます。個人育種家の方は、権利が欲しいというよりも、むしろみんなに使ってもらいたいという方も多くいらっしゃいますが、民間企業にとっては権利がしっかり保護されることが持続的な品種開発に取り組む上で重要になってきます。たとえばフランスでは、品種育成者の権利が保証されるようになって、小麦の収量が増えてきていますし、ベトナムも条約に加盟するようになって、新品種の導入効果により、サツマイモやトウモロコシの収量が上がってきています。

「つや姫」は、山形県が育成した日本を代表するブランド米品種で、知事によるトップセールスやパッケージのデザインについても評価されていますが、「つや姫」が高い評価を得ている根本には育成者権により品質がしっかりと管理されていることがあります。都道府県の場合、新しい品種を開発すると、県内の農家であれば誰でもつくれるように平準化する場合が多かったのですが、「つや姫」は、栽培適地で、技術力があって、環境に配慮する農家に限定して栽培を許諾して生産を行うようにしました。無断で栽培をした場合には差止め措置をとることもありましたし、種も自家採種を認めていません。このような努力により、その品質についても評価されているのです。こうしたことができるのは、育成者権を持っているからであり、それによってブランド価値を向上させることができます。岩手県はりんどうの産地で、ＥＵなどに昔から輸出をしていました。安定供給のために、ニュージーランドやチリに許諾を与えて契約栽培を行うことによって、世界市場へ周年供給を可能にしました。こうした取り組みはもっと出てきてもいいと期待しています。

「あまおう」で特筆されるのは、品種名と商品名を分けたことです。品種登録は「福岡Ｓ６号」ですが、一般には「あまおう」という商標で売られています。品種登録の期限は二五年しかありませんので、将来的にその品種を活用していくために、商標を取るという選択をしました。そして福岡県では海外での展開を視野に入れて、韓国や中国においても育成者権を取得しています。それによって、海外でも高い価格で取り引きされています。日本国内においても福岡県でしか栽培できません。なお、対照的に「とちおとめ」は、いろいろな県に許諾を与えて多くの県で生産されることで、品種自体の認知度を広め価値を高めていくという戦略をとっています。

育成者権を保護するにあたっては、監視する仕組みが必要です。裁判によって対処するのが基本ですが、品種保護については、種苗管理センターが品種保護の担当者を配置し、侵害に対する対策の手伝いを行っています。例えば侵害かどうか、その判定に資する類似性試験を実施する等の活動を行っています。また、日本で品種登録をすると、海外で無断でつくられたものが輸入されようとされれば税関で差止めができます。日本で品種登録することで、海外からの輸入を阻止できるのです。農作物の場合は腐りやすいことから港湾での留め置き等が難しく、その実効性には疑問もありますが、例えば、中国でつくられた「ひのみどり」といういぐさ品種について、輸入差止めの申し立てがおこなわれ、輸入が差止められた事例がありました。

平成一〇年に種苗法が全面改正され、国内の品種登録制度を充実させるとともに、そうした許しがたいブーメランについては水際対策によって対応してきました。もっとも、日本から外国に輸出する場合には、品種登録を日本で行っても対抗できないので、それは今後の課題です。

農家が種採りをすることは禁止なのか？

自家増殖とは、収穫物の一部から採った種を次の作期の種子として使うことです。省令改正で自家増殖に育成者権が及ぶようになると、それが禁止されるかのように思われている方もいるようですが、それは誤解です。種苗法上、自家増殖については原則自由ですが、省令で指定されている一部の植物については育成者権が及びます。育成者権が及ぶということは、許諾契約を結べば自家増殖は可能ということです。禁止ではありません。国際条約では、新品種の開発を促進する観点から権利を保護する必要があるため、自家増殖には原則育成者権が及ぶこととしています。ただし、各国とも例外を設けています。最も誤解を招いたのは、「原則禁止」という表現で、農家が種採りをすることが全て禁止されると見られたことでしょう。種苗法が制限しているのは、登録品種だけであり、昔からつくられている在来種の種採りができなくなることはありません。登録品種は開発者が時間とコストをかけてつくりあげたものですから、それを一定期間保護することは必要です。省令で指定しているのはそういった品種です。

最近、我が国の出願件数は減少してきていますが、中国や韓国は大きく伸ばしています。我が国としては、この分野の技術革新を伸ばしていく必要があります。自家増殖についての考え方が国際条約と異なっていることは、平成一〇年の種苗法改正以前から指摘されていました。しかし、平成一六年、植物品種の保護に関する研究会において、将来的には登録品種については原則として育成者権を及ぼすことを目指すとされました。そこで当面は、自家増殖に関する許諾料の徴収等の契約が定着したものや従来自家増殖の慣行がほとんど存在しなかった植物について、順次、育成者権の及ぶ植物として追加していくことにしました。その結果、平成一八年に五九種類の植物を追加し、その後実態調査を行って、平成二七年には、登録品種の自家増殖の見直しの検討を再度行いました。

元々、バラやカーネーションは平成一〇年に指定されていましたが、ほかにも契約で流通しているものが出てきていますので、この見直しでは、そうしたものの権利を保護することとしました。さらに、現時点で登録品種がないものについては、指定しても差し支えないとされました。技術が進展し、栄養生殖で増殖できるようになったものも対象とすることにしました。平成三〇年には、野菜類ではアサツキ、セルリーなどが、キノコ類ではエノキタケやエリンギが自家増殖に育成者権を及ぼすことができるようになりました。しかし、野菜で登録品種になっているものは、現在販売されているものの一割程度に過ぎません。したがって九割の野菜は、在来種などで権利化されていないものです。登録品種を守ることは大事ですし、そのほかにも自由に使えるものはたくさんあることから、自家増殖を制限することで大きな影響はないと考えられます。

種苗は外観からは、その品種や発芽率などの性質はわかりません。それを流通するにあたっては、その種苗を販売する者は品種や品質を保証する必要があります。そのための制度として指定種苗制度があります。基本的には食用として農業生産上重要と考えられる植物のほとんどが指定され、その流通を確保しています。種苗会社として販売する者には届け出制を設け、表示の義務を課し、それに違反した場合には改善を指示し、それに従わないときには罰則を科しています。そのようにして、種苗の適切な流通を確保しています。種苗管理センターでは、実際に店頭や倉庫で表示の検査を行い、発芽試験などの検査もしています。このことによって、種苗の流通の適正化を図っています。

海外での品種登録、知的財産がクローズアップ

シャインマスカットの国外への流出が大きな問題になりました。日本でも人気があり、栽培面積も増加してきている品種で、市場では高価格で取引されています。この苗木が中国に流出し、広く

流通しています。我々が調査したところによると、上海などの都市では、シャインマスカットではなく「陽光バラ」などの名称で多くの所で流通していました。岡山県ではシャインマスカットに「晴王」というブランド名を付けて販売していますが、そのブランド名だけを流用して販売することもおこなわれていました。現在では、かなり本格的に栽培され、収穫物も一般的に流通されているようです。

平昌オリンピックで注目された韓国のイチゴですが、そのイチゴの親品種である「章姫」「レッドパール」といった品種はいずれも日本の個人の育種家が開発したもので、韓国の生産者に許諾を与えて栽培されていたものが流出したものです。現在では韓国もＵＰＯＶ条約に加盟していますが、二〇一二年までは猶予期間でイチゴの品種は保護対象にはされていませんでした。日本の育成者権者が交渉をしたものの、折り合うことはできませんでした。韓国では二〇一二年にイチゴを含むすべての植物が保護対象になりましたが、日本の品種を掛け合わせてつくったものを品種登録し、それがオリンピックで注目を浴びたわけです。そうして韓国は、東南アジアにおいて日本を上回る量のイチゴを輸出するようになっています。知的財産というものがグローバルになっていることを意識しなければならず、個人の農家では限界があると思われます。

栃木県の「スカイベリー」もイチゴのブランドです。品種名は「栃木i27号」ですが、商品名を「スカイベリー」としています。県は海外での商標権を取っていましたが、原発事故の影響で輸出のできなかった中国については、当面の間は輸出が見込めないことから商標権を取っていませんでした。そうすると、中国で「スカイベリー」というイチゴの商標が出願され登録されてしまいました。中国国内で「スカイベリー」として販売している実績があれば争うことができましたが、実績がなかったのでそれはできませんでした。こうした問題も起こります。合法的に知財権を確保するにはコストがかかりますが、知財の価値を守るためにはこれは行っていかなければならないことです。

「デコポン」という名称で有名な「不知火」は柑橘類の有名な品種です。実は「不知火」は見た目が悪く国内では品種として採用されませんでしたが、食味が良いことから熊本のＪＡが「デコポン」を商標登録して品種として普及させたもので、それが人気になりました。実際に市場に出さないと評価できないというのが、品種登録の難しいところかもしれません。また、「不知火」は海外にも普及し、韓国では「ハルラボン」という名前で栽培され贈答用に使われていますし、アメリカでは姿が大相撲の力士に似ていることから「Ｓｕｍｏ（スモウ）」という商標のもと栽培され販売されています。このように世界中で人気の果実になっているのですが、権利化はされないままでした。

グローバル化に知的財産の保護をどうする

国際ルールでは、新品種は国外で流通が開始されてから四年、果樹等の樹木であれば六年以内に登録しなければなりません。従って、日本で開発された優秀な品種を守っていくには、その品種が売れるとわかってから手続きを開始したのでは遅いのです。ある程度の目利きは必要ですが、かなり前の段階から権利化をしていく必要があります。しかし、日本の農業関係者は海外での権利保護の必要性についてはまだあまり理解されていないと思われます。海外で売るつもりがない限り、海外での権利については関心がないのでしょうが、日本の品種は海外では非常に人気は高く、常に狙われていると考えていいでしょう。

そうした知的財産の保護には様々な方法があります。海外で品種登録をするには、一品種当たり五〇～一〇〇万円以上かかりますので、ほかの対抗措置としては、持ち出しを禁止させるという方法もあります。しかし、その場合、契約によるのでは第三者には効力が及びませんし、いったん持ち出されてしまったら効力がありません。商品名であれば、商標権を海外で取ることもできますが、違う名前であれば栽培を禁じることはできません。品種登録は確かにコストはかかりますが、いったん登録されれば、二五年間、果樹等の樹木であれば三〇年間は、その国で栽培させない、あるいは栽培を許諾してロイヤルティを得るというように、栽培を抑制する権利を持つことができます。海外で品種登録するには、出願できる期限があるため、新品種しか対象とはなりませんが、やはり、品種登録制度を活用していくことが、適当ではないかと考えます。そうした取り組みに向けて、農林水産省では平成三一年度に四億円の予算を要求しています。

世界には、十分な植物品種保護制度を持たない国もあります。ＵＰＯＶは世界共通の制度ですが、七五か国・地域しか加入していません。とくに東南アジアでは、ベトナムとシンガポールしか加入していませんので、我が国にとって大きな市場であるそうした国々でも新品種が保護されることが重要であると考えます。そこで我が国は、一〇年前から、東アジア植物品種保護フォーラムを開催し、各国に植物品種保護の重要性を認識していただき、審査実務のトレーニングのサポートも実施しています。一〇年経過して、ミャンマーやブルネイにおいてはＵＰＯＶ条約への加盟手続きに入っているなど、一定の成果が出てきています。八月一日（二〇一八年）、フィリピンで開催された年次総会では、非加盟国を含めて、将来的にはＵＰＯＶ条約に加入することを目指す共通方針が共同で採択されました。我が国としては、海外における植物品種登録制度の整備を含めて、しっかり取り組んでいきたいと考えています。

日本の農産物の強みはやはり、品質とそれを支える技術です。そのためには品種をしっかり開発し、それを保護していくことに力を入れていく必要があると考えています。そのためには、知的財産権としての育成者権をどう扱っていくか。農業者にとっては一定の制限とはなりますが、それを正しく使えば大きなメリットになります。そのバランスをとりながら、好ましいかたちを追究していくことが、今の我々の課題だと考えています。

（ふじた　ゆういち）

〈質　疑〉

――　登録品種のうち、食用作物のほとんどはイネですか。最近、出願が減っている理由は何でしょうか。

藤田　登録されている食用作物の多くはイネですね。都道府県のイネの品種開発の蓄積は多く、開発者の約半数を占めています。出願が減ってきているのは、とくに公的機関での研究費の削減の影響が大きいと思います。また花の需要は、景気に左右されることから不景気の状況によって、品種登録が減っていることも考えられます。

――　種子法の廃止によって、都道府県による登録が大きく減少するのではないかと思われます。出願について今後の予測はどうお考えでしょうか。また外国、とくに韓国や中国での品種保護制度の運用状況はどうなのでしょうか。

藤田　種子法は品種開発について規定する法律ではありません。これまで種子法があったから各都道府県で品種育成がされてきたということではないと思っています。都道府県でブランドをつくっていくために、新しい品種をつくって管理をしていくという姿勢の表れだろうと思います。それぞれの都道府県の方針として取り組んできたものですから、種子法がなくなったからといって、その姿勢が大きく変わることはないだろうと思っています。

外国の制度についてですが、韓国の制度は日本とほぼ同等のもので、品種の保護について当局はかなり力を入れて取り組んでいるようです。中国もＵＰＯＶ条約に加盟してはいますが、一九七八年という少し前の条約ですので、まだ保護対象になっていない作物があったり、保護期間が短い、収穫物ではなく種苗のみが対象であるなど、日本に比べれば保護程度は緩やかですが、政府としては力を入れて取り組んでいるようです。一般的に中国は権利化されているものについては権利をしっかり守っていこうという意識が高いことから、そういう意味ではしっかり保護されることは間違いないとは思います。

――二〇一七年の奥原次官による通達で言及された、民間への知見の提供とはどのような意味を含むものなのでしょうか。なお、動物に関する所有権については、最近さまざまな議論があります。植物に関する所有権について、倫理的あるいは論理的な根拠はどのように考えればいいのでしょうか。

藤田　種子法廃止の背景として、とくに稲・麦・大豆において民間の参入が限られているという状況を改善する動きがありました。農業競争力強化支援法にもあるように、公的機関が持っている知見を民間にも提供して、共同で種子の供給に取り組んでいく必要があり、我が国の農業競争力強化のための品種開発に当たってはこれまで都道府県が品種開発に関して持っていた知見を、共同研究という形で民間と利用し合っていくことも必要ではないかということです。

しかし、誰にでも知見を渡していいかというと、そういうわけではありません。共同研究の契約では、日本の農業に役立つかという観点からしっかり判断する必要があり、国に関しては農研機構が、そして都道府県がそうした判断を行っています。都道府県等に品種開発が偏ってしまっていた部分について、より良いものをつくっていくために、民間と一緒に取り組むことを目指していこうとするものです。共同研究を行った場合、それによって得られた育成者権は共同で持つことになるので、適切な管理は可能です。

種苗法による品種登録による権利は、在来の植物全体に関わるものでは当然ありません。遺伝資源については、原産国に利益を配分する条約もありますが、種苗法では、新しい形質を開発した者に一定期間の権利を与えるというもので、その期間が過ぎれば誰でも使えるようになります。さらに登録品種から別の人が新しい品種をつくることが妨げられることはありません。種苗法が目的としているのは、改良されたものの権利を保護し、それが将来的には誰もが使える人類共通の資産となっていくことですので、そうした思想に基づいているわけです。そういう意味で、そもそもイネが誰のものかということを規定するものではありません。

――日本の特徴として、個人による品種登録が多いことがあるようですが、そういう方々は普通の農家の方なのでしょうか。そうした個人で海外での品種登録をするのはなかなか難しいのではないでしょうか。

藤田　個人で品種登録をされる方は基本的には農家が多いようです。たとえば果樹では、枝変わりで異なった実のなることがありますし、花は自分で掛け合わせていくなかで、良いものを登録するということが行われているようです。日本の農家は選抜して良いものをつくる能力に長けていますので、多くの個人が優秀な品種を持つことになります。良いものをつくるという考え自体は好ましいですが、イチゴの例のように、それが海外に流出したときのことを考えると、やはり個人の方では対抗する力は弱くなってしまいます。国としても、優秀な品種はしっかり守っていこうと考えてはいますが、現在行っている事業では、重要なものについては定額で補助をしていますが、すべてが対象にできているわけではありません。基本的に手上げ方式ですので、事業の活用に向けてもっと働きかけが必要だと思っております。

――　種子法の廃止によって、これまでの奨励品種制度はどのような位置づけになるのですか。また、民間との共同開発によって、具体的には日本農業にどのようなメリットが生まれてくるのですか。

藤田　法律によって奨励品種制度を決めるという制度はなくなっていますので、国が都道府県に対して優良な品種を選ぶことについての義務付けは行いません。ただし実質的には、各都道府県では今までどおり、奨励品種を決定していくとしています。都道府県が責任をもって農林水産業の振興を進めていくなかで、どのような品種を振興していくかは都道府県で引き続き判断されると思います。これまでは品種を選ぶことを法律で義務付けしていて、その運用について国は通知で技術的な助言をしてきたところです。なお、民間の会社も、品種開発に係る知見蓄積がなければなかなか参入は難しいので、すぐに共同研究が多く行われることはないかもしれません。

都道府県におけるイネの品種開発ではこれまで良食味のブランド米が志向されてきたことから、必ずしも需要に対応してこられたとはいえませんでした。品種改良はそう短期間にはできませんが、これまで野菜等でニーズに合った品種開発の実績のある民間の知見を入れて、共同開発していくことは考えられると思います。ブランドを求める都道府県と売れるものを目指してきた民間とが、お互いの知見を持ち寄って新たな品種ができることをサポートしていきたいと考えています。

――当面は、都道府県においてもこれまでのようにイネの育種は行われていくようですが、一方、世界では種苗会社は合併によって巨大化し、その力を大きく伸ばしてきています。果たして品種競争で生き残っていけるでしょうか。とくに遺伝子組み換え技術の導入も考慮に入れる必要があると思いますが、いかがでしょうか。

藤田　遺伝子組み換え技術に関しての将来は、我が国では簡単に見通せない状況だと思います。国際的な穀物メジャーが大きな力を持っていくでしょうが、我が国は消費者も生産者も多様な農産物を求めています。従って、我が国の市場は単一性を求めないと思われます。そうした多様性をもつ市場には、巨大資本はなかなか参入しづらいだろうと思います。我が国において公的機関や民間で、消費者や生産者に受け入れられるものをつくっていこうという取り組みが続いていくことが、巨大な外国資本から日本消費者と生産者を守っていくことにつながるのではないかと考えています。

――気候変動への対応が求められていますが、品種面からの対応はどうでしょうか。また、外国から種苗の提供を求められた場合は、どのような手続きでおこなわれるのですか。

藤田　さまざまな研究開発が進められていて、「にこまる」というイネは、地球温暖化に強いイネとして開発されたものです。気候変動に応じて適合する品種の産地が移動していくことから、それに対応した品種開発が進められているところです。外国への種苗の提供に関しては、まず植物防疫の面で障壁があります。防疫の程度は国によって異なっています。外国への種苗提供は、県など公的機関で開発されたものについては議論があると思いますが、野菜については我が国の種苗会社は外国へも販売しています。

――種子法によって義務付けられていた奨励品種については、それに基づく地方交付税が農業補助金とみなされることから、ＴＰＰの枠組みに参加するため、種子法を廃止することにしたともいわれています。そうした根拠はあるのでしょうか。

藤田　ＴＰＰとの関連性はないと承知しています。種子法が廃止されることで、これまでの予算根拠がなくなってしまうという懸念に関しても、そういうことはなくて、総務省によって地方財政措置は引き続き行われることが示されています。また、種子法は根拠となっていなかったものですが、研究開発に関する投資については、ＷＴＯにおいても農業補助金とは扱われません。

――「みつひかり」は民間で開発されたイネの品種ですが、あまり普及されていないようです。民間との共同研究に期待されているようですが、都道府県が持っているような地域が限定されている品種への民間の参入は期待できるのですか。共同研究を行った場合、利益の分配はどのようになるのですか。

藤田　「みつひかり」は実需と結びついていて、かなり普及しているほうだと思っています。米は需要がある作物なので、民間からの一定の参入は期待できます。なお、共同開発にあたっては、最初に契約を結びますが、公的機関はそもそもロイヤリティを得るために開発を行っているわけではありませんので、地域の振興を目的とした場合、知見の提供は無償で行うことも考えられます。いずれにしても、できあがった品種の目的などによって、契約の内容は変わってくるでしょう。

――　地理的表示制度（ＧＩ）では相互認証の仕組みがありますが、品種登録ではそうした仕組みはないのでしょうか。また、たとえば日本のサカタのタネが外国の巨大資本に買収された場合、日本で開発された品種が流出してしまうことになります。そのようなリスクについてはどう考えればいいのでしょうか。

藤田　ＧＩでは、国際協定によって相互保護が認められることになっています。協定によって、相手国が受け入れれば、相手国で申請しなくても権利が確保できます。一方、品種保護に関しては、基本的には国ごとに権利を認めるという枠組みなので、そのような仕組みはありません。特許権や商標権では、国際的な枠組みによって多国間に出願できるようにはなっています。品種保護においても、各国で共通の出願システムをつくろうという動きがあり、将来的には出願は特許権や商標権と同様に行えるようになるとよいと思います。

企業買収は当然起こり得る事態です。知的財産権を目的に買収することは、他産業でもごく普通に行われています。日本の種苗会社で上場しているのは二社だけですが、いずれにしても企業として対策はとっていると思われます。国家の安全に影響のある場合には、外為法による規制も考えられます。

――　種子法の廃止は、あまり議論されずに決定されたのではないかという印象を受けています。米政策が大きく舵を切ったのと同じタイミングだったのも気になります。登録品種の減少が農業の競争力に影響があるとされていますが、どのような影響が考えられますか。

藤田　種子法の目的は種子の安定供給を都道府県に義務付けることでした。戦後の、優良な種籾が十分確保できない時代に、都道府県が確実に生産する必要があったときの法律でした。種子法を廃止したからといって、米政策が、ということにはなりません。いずれにしても今後、政策を展開していく上では、そうした誤解を生まないようにしていかなければなりません。種子法の廃止は、民間を含めての供給の促進の重要性を踏まえてのことです。

――シャインマスカットが中国に流出したことで、数百億円から数千億円もの逸失利益が発生していると言います。日本の品種を守るには、国内での登録と同時に外国でも登録を行っていく必要があります。今後、そうした環境を整備していくためには、現在の予算規模では不足ではないでしょうか。

藤田　予算の制約上、我々の支援にも当然制約が出てきますが、今は事業による支援の普及啓発が重要ですので、その面に力を入れています。しかし、海外でのマーケットを確保するために出願してほしいといっても、なかなか理解していただけないのが実情です。すべての品種がシャインマスカットのように人気品種になれば話は簡単ですが、そうした品種はそう多くはありません。しかし、シャインマスカットのような流出を繰り返してはなりません。まだその知的財産としての価値に現場が気づいていないものは品種だけではなく、実は栽培技術も同じです。品種と栽培技術は一体ですので、むしろ栽培技術のほうが守りやすいともいえます。新しい品種で世界に貢献するという目的は崇高ですが、まず日本を豊かにしていくことを考えていきたいと思います。

（二〇一八・九・一二）

《補遺》種苗法改正法案について

この講演は、二〇一八年に行ったものであるが、その後、二〇一九年三月から十一月にかけて農林水産省において開催された「優良品種の持続的な利用を可能とする植物新品種の保護に関する検討会」での検討を経て、種苗法改正法案が二〇二〇年三月に閣議決定され、国会に提出されている。以下に、その概略をご紹介する。

種苗法改正法案は、近年、我が国の優良品種が海外に流出し、他国で増産され第三国に輸出される等、我が国からの輸出をはじめ、我が国の農林水産業の発展に支障が生じる事態が生じていること、また育成者権侵害の立証には、品種登録時の種苗との比較栽培が必要とされる判決が出るなど、育成者権の活用しづらさが顕在化していること等を踏まえ、登録品種を育成者権者の意思に応じて海外流出の防止等の措置ができるようにするとともに、育成者権を活用しやすい権利とするため、品種登録制度の見直しを図るものである。

新品種の海外流出防止等ができるようにするための措置として、大きくは次の二点がある。

まず一点目は、登録品種について、輸出先国又は栽培地域を指定できるようにすることとしている。具体的には、育成者権者が利用条件（国内利用限定、国内栽培地域限定）を出願時に付した場合は、利用条件に反した行為を育成者権者が制限できることとすることにより、育成者権者の意図しない国へ輸出する行為や意図しない地域で栽培する行為について、育成者権を及ぼせるようにする。現在の種苗法では、登録品種であってもいったん販売された後に海外に持ち出されることは、違法ではなく、止めようがなかったが、これにより海外への持ち出しが制限できるようになる。

二点目は、農業者の登録品種の自家増殖にも育成者権の効力が及ぶこととするものである。具体的には、登録品種に限り、農業者による増殖は、自家増殖も含め、育成者権者の許諾基づいて行っていただくこととするが、本文中でも言及しているとおり、自家増殖が禁止されるわけではない。自家増殖された登録品種の種苗を海外に持ち出すことは現在でも違法ではあるものの、登録品種の増殖実態の把握や疑わしい増殖の差止め、故意や過失の立証が困難なことから、海外への流出の抑止が困難となっている現状を踏まえたものである。また、正規に販売された種苗の持ち出しへの対応が強化されることにより、農業者による増殖種苗が狙われることにも対応する必要がある。

種苗法の改正によって優良な新品種の流出を抑止することは、産地づくりを進める都道府県や高付加価値の農作物を出荷する産地の農業者に大きなメリットとなる。また、品種の保護が強化されることで、品種開発が進むので、従来から利用してきた一般品種に加え、登録品種が選択肢として加わることとなり、農業者の品種の選択の幅が広がることが期待される。このように種苗法改正法案は、農業者に、優良な品種を持続的に利用してもらうために必要なものと考えている。

詳しくは農林水産省のホームページにおいても紹介しているので、ご覧いただければ幸いである。

種苗法の一部を改正する法律案について

https://www.maff.go.jp/j/shokusan/shubyoho.html

農地中間管理事業の五年後見直しと農業委員会の役割

会員　藁谷　宏

二〇一四年の農地中間管理事業の開始と同機構（通称「農地バンク」）創設から六年余り。担い手への農地集積率は緩やかに増加し、一九年度には五七・一％となった。農地バンクの取扱実績（転貸面積）は前年度から三・二万ヘクタール増加したものの、平場の水田地帯など比較的、農地の集積・集約化を進めやすい地域での事業活用は一巡したと見られており、今後は中山間地域などの条件不利地などでも取り組みを進めていく必要がある。

農地中間管理事業法の施行から五年が経過した昨年、大きく四つの見直しがおこなわれた。第一は、農業者等による協議の場の実質化であり、第二は、農地中間管理機構の仕組みの改善（申請から貸し出しまでの期間短縮、農地の利用状況報告の廃止等）、第三は、農地利用集積円滑化事業との統合一体化、そして第四は、担い手の確保などその他の措置（越境で経営をおこなう認定農業者の手続き簡素化、農地所有適格法人の役員要件の特例創設、機構集積協力金など支援措置の要件見直し等）である。

このうち、農業委員会組織にとって最大の見直しは、第一の「農業者等による協議の場の実質化」。同法第二十六条三項に「農地所有者の意向把握」と併せ「地域の話し合いの場（協議）への出席」が農業業委員会の農地利用最適化業務として明記された。新たな「食料・農業・農村基本計画」においても、「農地中間管理機構のフル稼働」と題して、推進体制の強化とともに「現場の取組の推進」を明記。「実質化された人・農地プラン」を核に、担い手への農地の集積・集約化の加速化を順次進めるとしている。

■加速化する「人・農地プランの実質化」

今後、農業委員会に期待されるのは、まずは「人・農地プランの実質化」を先導する役割である。特に、従来より組織運動として取り組んできた「農地所有者等の意向調査」と「地域の話し合いへの参加」に積極的に取り組むことが求められている。地域の話し合いは「人・農地プラン」が実質化するための最後の工程であり、できる限り多くの農業者や農業関係者が参加することが重要である。農業委員と農地利用最適化推進委員は、この話し合いに参加するだけでなく、参加の呼びかけや話し合いの進行、意見の取りまとめ、話題提供など地域の状況に応じて様々な役割を担う。地域の話し合いが前向きになるよう、参加者が納得できるプランとなるよう地域を導くのが実質化までの任務となる。

「人・農地プランの実質化」の後は、プランに沿って農地の利用調整やマッチングを行っていく「人・農地プラン」の「実行」が重要になる。そして、農地所有者とプランで位置付けられた中心的経営体の間を取り持つのが農業委員と農地利用最適化推進委員だ。早くから「実質化」に取り組む千葉県香取市農業委員会では、三〇〇回を超す座談会によって徹底した話し合いを行い、農業委員・推進委員が地域の合意形成に奔走。農業委員会と市が密接に連携した効果もあり、農地中間管理機構を活用した農地集積を飛躍的に加速させている。

■「多様な農地利用」の検討へ

「人・農地プラン」の実質化が進展する中で、中山間地域などでは担い手の不在や条件不利農地などの実情から、中心的経営体の農地集積が困難な地域が少なくない。こうした中で、全国農業会議所は昨年度「遊休農地対策検討会」（座長・高木賢弁護士）を設置し、担い手以外の者によって耕作されている農地（いわゆる）「担い手利用外農地」という考え方を基本に、これら農地の利用・維持管理などについて本年二月に報告書を取りまとめた。

同検討会は、担い手への農地の利用集積率は約五六％であるが、「担い手利用外農地」は現在一八〇万ヘクタール強、農地全体の四〇%強を占めており、無視できない大きな存在である。中長期的な視点で考えれば、これらの担い手利用外農地の利用継続（継承）が重要な課題となることを提起した。一方、農水省は「長期的な土地利用のあり方に関する検討会」を本年五月に設置。放牧利用や林地化とともに、生産性の低い農地を一旦非農地化し、緩急ある時は再び農地に戻すなど、幅広く多様な農地利用のあり方についての検討を深めている。今後は「多様な担い手」とともに「多様な農地利用」が農業・農村政策の核となると考えられる。

　農地中間管理事業の五年後見直しの後、これから農業委員会法改正の五年後見直しの検討も始まる。農業委員会法に位置づけられた農業委員会の法令業務である「農地利用の最適化」の推進が今後とも重要である。農地利用の最適化活動とは、①担い手への農地の集積・集約、②遊休農地の発生防止・解消、③新規就農希望者の参入の促進の三つである。我々農業委員会関係者は、さらなる使命感を持って「農地利用の最適化」に全力で取り組んで参りたい。

（わらがい・ひろし　全国農業会議所）

地方記者の眼

「過疎は終わった！」と投げ掛けた雑誌『みんなでつくる中国山地』

ローカルジャーナリスト　田中　輝美

「過疎は終わった！」。大胆に投げかける雑誌を二〇一九年末、中国五県の有志でつくる「中国山地編集舎」から発刊した。その名も『みんなでつくる中国山地２０１９』。過疎の発祥地とされる中国山地から、思い切って狼煙（のろし）を上げたのだ。

「え、本当に？」と不思議に思われたかもしれない。なぜこう言えるのか——。詳しくはぜひ雑誌を手に取っていただきたいが、大きく量的、質的、二つの側面から説明できると考えている。

まず量的には、中国山地編集舎のメンバーであり、全国各地の人口分析を手掛ける「持続可能な地域社会総合研究所」（島根県益田市、藤山浩所長）のデータが参考になる。二〇一〇年代に入り、中国山地沿いの比較的小規模な町村を中心に、人口の流出より流入が上回る社会増が始まっているのだ。中でも若い世代の流入が目立ち、例えば東北地方と比べても、その傾向が顕著という。

実際、明らかに風が変わった。高度成長期以降、地域からは若い世代が出て行き、お店や支所などこれまであったものがなくなっていく一方だった。それが近年は都市からＵターンやＩターンする若い世代が増え、地方への関心の高まりを表す「田園回帰」や、祖父母の暮らす地方に移り住む「孫ターン」という言葉も生まれた。そして、空いていた古民家をお洒落に改装した新しいカフェやゲストハウスがオープンするようになった。若い世代の感性が変化し、地域に新しい価値を見出しているのだ。でもそれは、先人たちがずっとこの土地を守ってきたからこそとも言える。

島根大学教授だった故・安達生恒氏はかつて、過疎化という急激な人口減少が住民意識の後退を招いて、最終的に集落が崩壊する「過疎化の内部メカニズム」を描いた。しかし、中国山地で起こっている「うねり」を見ていると、このメカニズムが反転しているようにも見えるのだ。

◇

『みんなでつくる中国山地２０１９』では、こうした量的、質的な変化を、大きく二つの特集で紹介し、現状を再確認したつもりだ。前述した同研究所のデータや、私をはじめとしたジャーナリストのルポルタージュで構成している。「２０１９」という数字が示すように、今年から毎年一冊、二一二〇年までの一〇〇年間、発刊し続けようという壮大なプロジェクトにもなっている。

現在は、本格的な創刊号となる『みんなでつくる中国山地２０２０』の編集作業の真っ最中。新型コロナウイルスの影響も長期的になりそうなことを踏まえ、次の持続可能な未来を中国山地から構想していきたいというのが狙い。「地元から世界をつくり直す」をテーマに掲げた。

◇

しかし、私たちが最終的に目指しているのは、この雑誌をつくることだけではない。この雑誌はあくまで入り口、きっかけであり、これを通して、中国山地の仲間が集い、ともに学び合うコミュニティをつくることだ。

例えば、持続可能な衣食住の暮らしのあり方や、ローカルモビリティといった具体的なテーマごとにコミュニティをつくり、事例の共有や仲間の輪を広げていきたい。この生態系のようなコミュニティこそが、「みんなでつくる」というタイトルそのものなのだと考えている。

雑誌の『みんなでつくる中国山地』は、山陰両県内の書店とインターネットのみの販売だが、発売後、全国各地から反響が寄せられた。確かに中国山地の事例を中心に綴っているが、そこには普遍性がある。人口減少の先行地域である中国山地で起こったことはこの先、他地域でも起こる可能性があるからだ。中国山地を考えることは、日本の未来を考えることでもある。

このプロジェクトは、私自身、育ててもらったふるさと島根県の地方紙・山陰中央新報を退社し、独立したときの問題意識とも重なっている。

山陰中央新報の地域内でのシェアは高く、読まれている実感があった。その一方で、東京支社に赴任した際、東京には島根をはじめとした地方のニュースがあまりにも少なすぎる。つまり、あまりにも届いていないことに気付いた。その要因の一つは、地方の現場から外に向けた発信の流れが細すぎることではないか、と考えるようになったのだ。

実際、調べてみると、フリーのジャーナリストの多くが東京に拠点を構えている。地域に暮らしながら、地域のニュースを外に向けて発信しているジャーナリストは、当時は見つからなかった。

◇

「ないなら、つくればいい」。二〇一四年、自分でローカルジャーナリストという肩書きをつくり、地域に暮らしながら、地域のニュースを外に伝える生き方を始めた。現在、ローカルジャーナリストとしての仕事は、全国農業共済新聞や図書館専門誌で島根や地方の新しい動きを伝える連載など計五本を担当するほか、『家の光』といった雑誌やインターネットメディアに寄稿することもある。

また、ローカルジャーナリストを増やす活動もおこなっている。ローカルジャーナリストが各地に増え、地方発のニュースがもっともっと東京や全国に届けば、移住したい、特産品を買いたいといったヒト・モノ・カネとの「良い循環」が生まれるのではないか。それは、分断されがちな都市と地方をつなぎ直すことになり、ひいては東京一極集中の是正にもつながっていくのではないかという願いも込めている。

最後に、冒頭に書いた「過疎は終わった」とは、正直に言えば、少しばかり言い過ぎなのかもしれない。付け加えるべきは「if we want it（もし私たちがそれを望むなら）」。そう、これは過疎を「過去のもの」として、一緒に新しい時代と未来をつくっていこうという読者の皆さんへの呼びかけでもある。

（たなか・てるみ　ローカルジャーナリスト・元山陰中央新報記者）

第三五回農業ジャーナリスト賞が決まりました

農業ジャーナリスト賞は、一九八六年（昭和六一年）、農政ジャーナリストの会が創立三〇周年を記念して設けました。農林水産業、食料問題ならびに農山漁村の地域問題などに関する優れた報道（ルポルタージュ、連載企画、出版物、放送番組など）から顕著な功績のジャーナリズム作品を表彰しています。

毎年、その前年に発表された作品を対象に今年度は、新聞・出版籍部門から六点、テレビ・映像部門から二二点の、計二八点の応募があり、「農政ジャーナリストの会」が委嘱した選考委員会の審議を経て、五作品に決定しました。

受賞作品

◇「サクラエビ異変」　静岡新聞社

◇「上を向いて歩こう～人口減少社会」　新潟日報社

◇ひとモノガタリ「木をつなぐひと」　ＮＨＫ青森放送局

◇「秩父山中　花のあとさき・最終章～ムツばあさんの歳月～」　ＮＨＫ

◇「伊那谷棚田奮闘記」（奨励賞）信越放送

◆受賞作品概要◆

◇「サクラエビ異変」　静岡新聞社

国内で唯一本格的に水揚げされている駿河産サクラエビ。〝海の宝石〟ともいわれ、地元の大切な伝統産業・文化であるこの特産品がなぜ獲れなくなったのか。記録的不漁の原因究明「タブーを設けず」多角的に肉薄した。

一年間にわたる多面的で綿密な取材は特筆に値する。河川上流の環境汚染、ダム、乱獲、台湾産との競合、行政・企業の姿勢、産地表示、漁師の生活など根深い問題に取材を重ね、いずれも客観的な視点で分析・問題提起した。地域産業の危機にとどまらず、社会問題にまで結びつけた取材姿勢は高く評価される。

◇「上を向いて歩こう～人口減少社会」　新潟日報社

深刻化する人口減少問題を真正面から捉え、複数の記者が地域に一定期間の住み込み取材を敢行した。体験取材が奏功し、地域の現状と人々の思いが丹念に描かれている。記者自身の生活実感もにじみ出ており、共感を呼ぶ。

人口減少を取り上げた記事は暗くなりがちだが、移住者や地域おこし協力隊の活躍をクローズアップし、全体を貫く明るいトーンに好感が持てる。人口減少の大きな流れを変えることは容易でないが、地域の力によって豊かな未来を築くことは可能ではないか——と問題提起した。

◇ひとモノガタリ「木をつなぐひと」　ＮＨＫ青森放送局

日本一のリンゴ産地・青森県弘前市で、跡継ぎがいなくなった農家からリンゴの木を預かり、次代へ残そうとする人の苦闘に追った。果樹園ではなく、リンゴの「木」の継承に焦点を当てた切口が新鮮だ。後継者不足や耕作放棄といった紋切り型の問題把握に終わらず、品種や接ぎ木・せん定などに込められた先人の技と思いを次代へ伝えようとする姿が胸を打つ。

「木をつなぐ」ことは、世代を超えた「家族愛」のリレーでもある。企業的な大規模経営がもてはやされる今日、改めて家族農業の意義を考えさせてくれた点も評価したい。

◇「秩父山中　花のあとさき・最終章～ムツばあさんの歳月～」　ＮＨＫ

一人のカメラマンが山間集落に暮らす家族を一九年間にわたって取材し、その営みを丁寧に描いたシリーズの総集編。自然と一体化して生き抜いた「ムツばあさん」の姿はたくましく感動的で、現代の都市生活者が見失ったものに気付かせてくれる。取材相手との間に築き上げられた強い信頼関係が感じられる。

一切の予断と固定観念を排し、ひたすら集落の人々と向い合い耳を傾けてきた取材者の努力と熱意の結晶であろう。美しく詩的な映像表現と併せ深く敬意を表したい。多くの人々に見てほしい作品だ。

◇「伊那谷棚田奮闘記」　信越放送

棚田再生に取り組む新規就農者三人と集落の高齢者たちの一年にわたる交流を追った。条件の厳しい休耕田で有機栽培の米作りと輸出に挑む「新参者」たちに、初めは懐疑的だった住民らだが、「里山再生のビジネスモデル」にとの意気込みに心を動かされ、地域ぐるみで支えるようになる。過疎と高齢化に悩む中山間地農業に、一筋の希望を感じさせる佳作となった。

■選考委員■

青山　浩子　農業ジャーナリスト、新潟食料農業大学専任講師
阿南　　久　（一社）消費者市民社会をつくる会代表（元消費者庁長官）
合瀬　宏毅　（一社）アグリフューチャージャパン副理事長（元ＮＨＫ解説主幹）
大江　正章　㈲コモンズ代表
小田切徳美　明治大学農学部教授（同大学院農学研究科長）
甲斐　良治　（一社）農山漁村文化協会編集局
永井　　進　㈱永井農場代表

（敬称略　五十音順）

編集後記

○…お盆の最中、日の出とともに田んぼの様子を見に行くと、稲の香りが一面から漂ってきました。稲の花の香りは豊作を予感する香りです。田植えしたと思ったのも束の間、もうすぐ稲刈りの季節を迎えます。

コロナ禍で騒々しい今日、宮城の米作りのマイファーマーからの便り。稲の花の香りはどんな香りだろうか。今年も「つや姫」が楽しみです。

○…特集は『種は守れるか』です。種子法改正にアプローチした研究会記録です。発刊事情で研究会は二年前、四者四様による「種」のアプローチが大変に興味深い内容になっています。

これまで特集については、毎号、四氏の研究会を一テーマにユニットを形成してきましたが、前号では六氏による構成になりました。この課題は幹事会で長年協議を重ね、「タイムラグ」解消が目的です。会員諸兄には年間四冊が六冊を届けることになります。「制作・編集」にはきついですが、この問題は数年間の協議の悲願（?）です。

○…構成上、誌面の内容は通常通り『農政の焦点』とそれに『地方記者の眼』を掲載し、「地方」でジャーナリズムに何が起きているのか。頼もしいレポートです。

今年の「農政ジャーナリスト賞」が決まりました。三五回目です。今年の授賞式はコロナ禍の影響で本会総会会場でのお披露目はありませんでした。そんなわけで例年、授賞式当日に語られる「受賞者の言葉」を掲載できませんでした。結果報告だけです。制作者の「思い」はいつの日か…

（青）

日本農業の動き No.207

種は守れるか

定価は裏表紙に表示してあります（送料は実費）。

二〇二〇年九月三〇日発行©

発行 農政ジャーナリストの会

編集 会長 行 友 弥

〒100-6826 東京都千代田区大手町一の三の一（JAビル）

電話 (03) 六二六九-九七七二

FAX (03) 六二六九-九七七三

販売 一般社団法人 農山漁村文化協会

〒107-8668 東京都港区赤坂七の六の一

電話 (03) 三五八五-一一四二

URL : http://www.ruralnet.or.jp/

振替 〇〇一二〇-三-一四四四七八

購読のお申込みは近くの書店か、直接発行・販売元へご連絡下さい。バックナンバーもご利用下さい。

PRINTED IN JAPAN 2020

ISBN978-4-540-20063-2 C0061

耕そう、大地と地域のみらい。
安全と安心を、すべての食卓に。
JAグループは、生産者一人ひとり
と共に、今日も進みつづけます。
この国の豊かな大地と地域の
くらしを、次の世代へ伝えるために。
JAグループ
耕そう、大地と地域のみらい。
安全と安心を、すべての食卓に。
JAグループは、生産者一人ひとり
と共に、今日も進みつづけます。
この国の豊かな大地と地域の
くらしを、次の世代へ伝えるために。
JAグループ